買舖，

要買得PRO

10項買舖十大知識　　20年後舖市大預測

目錄

自序

中國人素有「一舖養三代」的傳統，唯大部分人投資商舖時，未必擁有相應的知識。大眾除了閱讀報章、雜誌，觀察某些資深投資者的手跡外，實在甚少途徑去學習商舖知識。

一般人接觸到的物業多半是住宅。然而，住宅與商舖實在有太大差異，本書開宗明義第一篇便會剖析兩者的不同。隨便舉一例子，當住宅一旦出租後，物業的狀況業主是看不見的，相反商舖打開門口做生意，業主每天也可視察自家物業，若租戶生意興旺，業主也隨時加租分享經濟成果。

可是，「看得見」的商舖，背後卻是大量看不見的陷阱。樓市通常是整體性升、整體性跌。反觀舖市非常兩極化：贏的人大贏特贏，輸的人大輸特輸。故此投資商舖特別考眼光，須份外小心謹慎。

我們日常從報章閱到有關商舖成交的報道，單憑短短篇幅的文字描述，很難實質了解那宗成交背後的故事。

《買舖，要買得 PRO》是第一本除了文字分析外，還附有影像視頻連結，介紹近千宗成交個案資訊的獨特著作，讓讀者可以「線上＋線下」更立體地認識商舖市場。

我們當然不主張投資者輕率地把整副身家投放進任何一種投資產品。但作為一種資產組合，商舖絕對是一種有前景有潛力的選擇。

說回自身，筆者創辦的盛滙基金專門協助有意涉足商舖市場的人士，而透過本書，讀者可以有系統地學習買舖知識。現在當你想起買優質樓，你會想起新鴻基。希望日後，當你想起買優質舖，你會想起盛滙。

李根興博士 Dr. Edwin Lee
盛滙商舖基金創辦人及行政總裁

代序

人生的價值在於奉獻

要成為一門學問的專家,本屬不易;要把沉浸經年的知識拿出來與人分享,更殊非易事。讀者手中這本《買舖,要買得PRO》,可謂得來不易的著作。

房地產投資,本來已涉及不少專門知識,而當中的商舖投資,更堪稱「大學生程度」。

一般商廈、住宅、工廈,只消翻查物業資料,留意座向、環境,參考毗鄰成交數據,已能為物業價格作出評估。

反觀商舖絕不易看,不同區域,有不同價格,甚至同一街道,位置稍為不同,價錢已可相差甚遠。但商舖升值起來,也可達百倍千倍。

如此專門的商舖知識,近年Edwin卻屢屢在電視上、在網絡上,孜孜不倦地與大眾分享;是次他還把多年累積的心得撰寫著作,更屬難能可貴。

「你把這麼寶貴的知識公開,以後如何搵食呢?」我的內子,Edwin的母親曾有這樣的擔憂。

我卻跟Edwin說,不用怕,別人即使擁有同樣知識,礙於不同的條件配合,未必能做到你所做的事。再說,將知識教給大眾,有更多人參與買賣,讓舖市活躍起來,房地產蓬勃發展,這對社會對大家都好。

成功　在於專注

回顧昔日，我在 1980 年代投入地產代理業，當時於觀塘創辦約十多間地產代理公司，在區內薄有名氣。我們一家人關係是很親密的，身為長輩，我與家人的溝通方式，談家常話外，就是談生意經。因此，Edwin 十多歲便陪我一起「睇樓」，耳濡目染下，他對房地產也產生濃厚興趣。

Edwin 初入商界，從事的是生意買賣業務，從而接觸到不同形式的生意，對不同行業需要怎樣的店舖，培養出一套獨特見解。及後他進入房地產投資市場，興趣於店舖，我就跟他說：房地產有許多範疇，單是商舖已夠你耗盡心力了，你就專注於商舖市場吧。

我經常跟人說：「寧為雞首，莫為牛後」。每人的財力、精力、時間有限，我們只能根據自己的狀況做有限的工作。即是選擇了房地產中過的店舖，那麼就要專心於店舖。

昔日我在觀塘這許多年，樓宇、工廈，投資很多，但商舖也只敢買賣觀塘的店舖；一離開觀塘，如附近的牛頭角、油塘，我已不夠膽投資，因為商舖投資不易、因為不熟不做。

這些年來，Edwin 早午晚都去睇舖，從人流、環境、交通各項要素全面仔細觀察。這份專注，終令他在商舖市場中佔一席位。

營商　在於求新

Edwin 自小喜愛讀書，大學時唸工商管理，其後又取得 CPA、CFA 等多項專業資格，他很懂得把個人經驗提升至理論層次。近年他又去哈佛進修，將理論和實踐結合起來，學習如何提升價值、創造價值。

　　營商要奉公守法、講誠信。同時營商要敢於創新、不斷創新，做人做事不能死死板板。他創出合資買舖計劃，並從證監會取得牌照，讓投資者可以合法合資買賣商舖，這就是一種商業上的創新。

　　誠然，事業要成功，勤奮、專注、創新都是關鍵。但人生的價值不僅於此，還在於奉獻。

　　Edwin 為大眾提高商舖知識，是一種奉獻，他將許多收入捐助給傷殘人士和其他慈善機構也是實質性的奉獻，能夠為推動社會繁榮獻一分力。

　　希望這本著作能讓為讀者加深商舖市場的了解，從而作出更恰當的投資部署。

　　是為序。

李常盛　康業信貸集團有限公司
康業金融科技集團有限公司主席
（編按：李先生為本書作者的父親）

專家推介

敦豪國際（DHL）亞太區創辦人 鍾普洋，SBS, OBE, JP：

我跟 Edwin 是認識多年的朋友，他是一位經驗豐富的商舖投資專家，並且他從事的商舖買賣行業比較新穎，是全香港首間於香港證監會持有資產管理服務牌照專注商舖發展的金融機構。我認為這本書十分值得閱讀，因為這本書提出很多深入淺出的實例，以及他自己多年買舖賣舖的經驗，令讀者們可以容易理解商舖投資。

百億舖王 黎永滔：

內容全面，深入淺出，概括廣泛，是物業投資者及初入門人士的必備書籍。

中原集團創始人 施永青：

香港的舖位投資者，很多都經驗豐富，戰績彪炳，但理論水平卻不高；李根興先生是少數異類。他的學歷高，專業知識豐富，加上表達能力強，說起來總是頭頭是道，信心十足；所以他出道不久就成了傳媒寵兒，凡有與舖位有關的事情在香港發生，傳媒都會找李根興先生出來點評，令他很快成了網絡世界的 KOL。難得李根興先生在發表市場評論的同時，不忘向受眾介紹專業知識；這是作為投資者與中介行業都極之需要的。因為，舖位是各類物業中需要知識最多最複雜的一類，不同的行業需要不同的經營環境，又要符合不同的法律規定，單是要懂得申請各類不同經營牌照，就不是一件容易掌握的事情。因此，我很高興得悉李根興先生有意寫一本書名叫做《買舖，要買得

PRO》的書，把他掌握的投資店舖的門竅與讀者分享，相信讀者看後一定會有所得益。

美聯集團主席及創辦人 黃建業：

香港向來欠缺「投資教育」，儲蓄雖為理財之本，但是投資才是走向小康以至置富之路。我從事物業買賣近半世紀，橫跨住宅、工商大廈，以至酒店及商舖，深明投資商舖易學難精，多年來秉持「先了解，後投資」的學習精神。李根興博士雖然年輕，但一向熱心於「投資教育」，看著他一步步由 Facebook 拍攝推廣影片，到今天結集心得成書，傳授商舖買賣竅門，內容詳實有據，進步神速，心意難能可貴。如果你也相信「人無樓不發，一舖養三代」的智慧，這本書絕對可為你入門的重要臂助。

太子珠寶鐘錶主席及創辦人 鄧鉅明：

對於個人買舖而言，第一件事當然是跟李根興去研究，其次便視乎回報、區份、附近新樓盤、呎價以及將來發展，最後還需注意租約簽署年期以及不要對內地客期望過高。想了解更多買舖知識，一定不能錯過此書！

香港中文大學行政人員工商管理碩士課程聯席主任 陳志輝教授，SBS, JP：

分析詳細，角度精奇！

美聯集團董事總經理 黃子華：

舖壇中有「舖王」、「舖后」、「舖俠」等受大家讚眾的風雲人物、資深前輩；但近十多年，舖壇欠缺接班人，年青一輩對投資舖位敢望而不敢入市，一是欠膽色；二是欠缺知識。EDWIN 年輕、富眼光、具膽心，絕對稱得上是舖壇新一代的風雲人物。今次新一代舖壇風雲人物親筆撰文，無私分享自己的商舖投資心得及技術，其金石良言不論是想買舖或一般物業投資者都絕不能錯過。

祥益地產代理總裁 汪敦敬：

系統化地、由淺入深地闡釋商舖投資技巧。

中原（工商舖）董事總經理 潘志明：

我因工作關係接觸很多舖位投資者，唯獨 Edwin，不單止樂意分享買舖心得，簡直是舖界狂熱份子，親身上鏡報導成交資訊，比地產經紀還要快！鑑於 Edwin 撰文及錄影的內容實用性太強太專業，我一直鼓勵及建議公司的同事，無論多忙也要緊貼追看！

美聯工商舖行政總裁兼執行董事 黃漢成：

各類物業當中，以投資商舖難度最高，內裡的心得與竅門，更常被視為秘技，不輕易外傳，但李根興博士卻願意無私分享，以「貼地」風趣的手法，讓大眾對投資商舖有更多的認識，新出版的「買舖，要買得 PRO」對業界及廣大投資者委實貢獻良多、各位讀者實不容錯過。

利嘉閣地產總裁 廖偉強:

我從事地產代理超過 30 年,從未見過一位投資者,願意將自己的投資心得不保留地用學習、經驗、案例、教育及時間,用深入淺出及靈活的方法,分享給業內人士、讀者及市民,李根興博士絕對值得尊敬!他的著作就是武功「舖」笈!

利嘉閣(工商舖)董事 黃應年:

俗語有云:「讀萬卷書,不如行萬里路!」,但看過李根興博士這本書後,我認為:「睇萬個舖,不如睇這本書!」

最難得之處是李根興博士以真實、生動、貼地、與時並進的演繹方式和讀者分享他在商舖投資界多年的心得與經驗!

商舖投資的傳統智慧其中有一句:「一舖養三代!」,相信讀者看過這本充滿智慧和寶貴經驗的著作後,一定會感覺:「三生有幸!」

耀才證券主席 葉茂林:

「見字如見人」,好貼切形容 Edwin 嘅文字風格,一句「買樓如娶老婆,買舖如搵情婦」,既貼地又一語中的,語言仲好風趣抵死。呢本書實用性極高,深入淺出闡述影響舖價因素及出牌等冷知識,仲有快速揀舖十個小貼士,絕對係買舖「初哥」入門秘笈。值得推薦!

前大家樂主席 陳裕光:

各行各業對舖位的條件都有其獨特的要求,難得李根興深入民間探討,道出箇中奧妙,更在其著作深入淺出,分享其心得,啟發一眾舖位投資者,獲益良多。

亞洲地產董事總經理及資深投資者 蔡志忠：

各位讀者：

人們形容香港商舖市場是一個高深莫測的市場。

李根興博士（Edwin）的出現，銳意改變傳統的看法，他用嶄新的、專業的角度去演譯商舖的價值。

我推薦這本書，不僅因為它是 Edwin 的精心傑作，更因為它是一本市場上罕見的、詳細解讀商舖的書。如果讀者對投資商舖感興趣，那麼肯定會有意想不到的驚喜！

遵理學校創辦人 梁賀琪：

我崇尚一生人做好一件事的理念。Edwin 專注商舖投資也不夠，還要開宗明義只集中中小舖，而且著力於令物業增值，而不是短期炒賣，這種 "pro" 令人敬佩。對很多人來說，買舖是一件大事，聽夠 "pro" 的意見很關鍵！這書有字有聲有畫面，內容實用而且豐富，不會令人失望！

扒王之王創辦人 李德麟：

透過閱讀及學習別人過往的經驗能夠節省很多時間和金錢。有幸李先生無私地以過來人的體會，加上學術知識，帶領讀者領悟投資商舖的知識。這本書極具參考價值，因為書中案例簡單直接，在市面上極少有同類書本，使各位讀者省卻了親身實踐的「學費」，絕對值得推薦給各位買來參考。

時昌迷你倉創辦人及首席顧問 時景恒：

老友要出書，我搶先要寫嘢。

由一個很PRO的專家，教你買舖，直情係用銀紙做地氈給你行。我也曾經試過日行千里般週圍睇舖，絕對明白呢本書的價值。有成TEAM人幫你做舖位分析，地區分析，配套分析，甚至連財務分析也做埋，我找不到任何理由唔去推介此書。

霸菱亞洲投資董事總經理－房地產 林熙齡博士：

很佩服李根興博士的毅力及專業，身體力行到港九新界各區分析個別商舖成交的好壞及特別之處。除了硬知識外，很多軟知識我也是從李博士的分享有所得益！

明報報業投資及地產版資深主編 陸振球：

不論股市或樓市，高手和低手的投資成績往往差天共地。李根興這本著作教大家如何以高手方法投資商舖，怎能錯過？

陀飛輪腕表品牌萬希泉的創辦人及行政總裁 沈慧林：

「李根興大哥自從我創業以來都一直是我的良師益友；我最欣賞這位大哥的就是他思維永遠快人一步。當我們還在努力現況的時候，他已經發現新領域並為大家帶來無限商機。看完這本書，您們不單單學到李根興大哥的投資成功策略；更能感受到這位大師的前瞻性。」

餐飲聯業協會會長及鴻福堂主席 謝寶達：

李先生一向做事認真細心，多年專注研究中小型商舖投資。現在這位專家將多年累積下來的經驗，跟讀者們慷慨分享。有意買舖的投資者勢必購買一本！

米蘭站集團主席 姚君達：

能看得出這是李根興博士傾注心血的商舖投資大全，內容一語中的，字字鏗鏘，解決了我在投資道路上的不少難題，這本書能開拓你投資的新視野，絕對值得你擁有。

香港太興飲食集團創辦人 陳永安：

內容分析詳盡

見解獨特

深入淺出

是一本值得推介的參考書

壹週刊社長 黃麗裳：

走在中環，李根興像 i-banker；但他的足跡遍佈深水埗、元朗、甚至上水，是用腳來緊貼鋪市。他的文章是深入而淺出的「港版 Harvard Business Review」，融合理論及做生意的街頭智慧。

旅遊業議會主席及康泰旅行社董事總經理 黃進達：

認識 Edwin 多年，深知他獨具慧眼，甚有投資心得，尤其是舖位投資學問高深。作為旅行社，選擇門市舖位必須人流高、位置佳、回報高，如有朋友有需要肯定要向 Edwin 請教，如何尋「舖」！

翡翠藤器集團董事長 楊俊傑：

　　李根興先生，給我感覺是一個很值得信任的人，我初次見面，問他一些敏感且直接的問題，他都毫無保留地回答，簡單清楚，我在商場幾十年，多數都只說對公司有利的話，也希望他更上一層樓，因我公司也有舖買賣，從中我也得益。

香港經濟投資學會課程總監 King Sir 葉景強：

　　市場上，成功的舖位投資高手不多，而願意著書分享投資心法的更是寥寥可數，也許只得李根興一人。 如有興趣學習舖位投資，這本書你絕不能錯過！

SKECHERS 香港及東南亞區總裁梁成永：

　　精闢分析，眼光獨到

　　祝　李根興博士新書出版成功

e-banner 共同創辦人 陳剛雄：

　　以往買物業，投資地舖，甚至租舖做生意，都只會是憑感覺，自己所謂經驗，最多也只是從地產代理咨詢一些歷史和數據，最後也只能聽天由命！這本書給予很多理性分析，專業成交個案，相關規管，或多或少對買舖租舖，提供更多有用投資智慧，不用盲人摸象，似是而非，係值得推介的一本工具書。

e lighting 創辦人，行政總裁及執行董事 許國強：

　　開鋪都開咗二十幾年，原來好多嘢都冇留意到。今次睇完本書，學咗好多嘢。你睇咗未呀？

金記冰室創辦人 徐汶緯：

李根興教你投資入市講時機，如何把握黃金機遇，此著作是投資者入市必讀著作！

椰林閣飲食集團董事 陳明誠：

認識 Edwin 多年，知道他做任何事都會全力以赴。每天看他的舖市成交及商管知識 video 已成為我每天必做的事。有如親身到現場睇舖。多謝他無私的分享。他的新書，一定會第一時間拜讀。

樓市明燈 智富學苑創辦人 張志雲：

無論做什麼生意，一定要做到行內第一，甚至唯一。李根興在中小型商舖投資絕對是第一，商舖投資基金更是唯一。難得這位專家肯分享心得，各位讀者豈能錯過？

萬福珠寶行政總裁 謝勇生：

做生意和買物業一樣，要眼光獨到專注投入，才能在一個領域找到空間，Edwin 投資商舖真的獨具慧眼，對投資商舖心得非常深入，同時非常了解客戶的需要，他願意毫無保留地把多年心得出書分享，真是讀者之福。

i Dance 企業創辦人及主席 謝景霞：

與其說 Edwin 這本書是教人投資買舖，倒不如說是本生意小百科，不是嗎？由選鋪位置至推廣生意要注意的事項都一應俱全了！

Slim Beauty 創辦人兼集團主席 謝欣玲：

Edwin，首先恭喜你成功出書，預祝大賣，你本書令到很多人有得着，開地鋪是因要行業需求，以我們的行業（美容）除咗要人流之外，更重要是要有私隱度及來去水，面積約 3000 尺左右，要做得好是需要很多配套，包括 marketing 推廣，謝謝你！

大航假期 陳燕萍：

好多人都教我哋唔好玩投機，普羅大眾都會選擇磚頭作最穩健的投資項目。

而鋪頭係非一般的磚頭，充滿學問且好考驗眼光嘅一種投資。

自從認識博士你之後更加開闊眼界，教曉我們從多角度深層次了解鋪頭原來係分好多種類。

如果你想投資增值，又唔想走彎路，我誠意推介大家閱讀這本書。

從中會更加增廣自己對鋪頭投資嘅認識，讓讀者更加深入了解。

感激博士的傾囊教授。

祝本書一紙風行，暢銷全球。

Ora-Ora 方由美術創辦人及行政總裁 梁徐錦熹博士：

李根興博士每天都在香港街頭跟業主、老闆、打工仔和經紀聊天，看透街鋪的行情，研究深入的程度絕非紙上談兵這麼簡單，不能錯過！

水漾衣坊（香港）創辦人之一 袁凱珊：

很多人以為做生意同買鋪表面看似好簡單，但卻忽略了當中的一些玄機。好似經營自助洗衣店，開店後真係自助不用理會？同買鋪一樣，冇睇過李根興先生本書，又點可以買鋪買得 PRO 呢？

東驥基金管理董事總經理 龐寶林：

透過在香港商機的寶貴經驗，李根興對各行各業對商舖要求有深層次了解，無人能及。現在更以專業基金經理角度寫出心血結晶，幫助投資者作專業的分析，更分享投資商舖的有效方法，令勝算更高，小戶變大戶，風險管理做得更好！實在不容錯過！

QB House Managing Director · Stanley Mo：

香港舖市波動多變，街舖更是每間都有不同特徵。難得有心人李博士將經驗心得結集成書，相信無論對投資者抑或創業租戶都有莫大裨益。

Graceful Hands 教育集團創辦人郭翠萍：

投資買舖回報比率總在細節中。差之毫釐，謬之千里，李根興博士細緻的一一剖析，這本書實事實講，非常精準。老手初哥都必要定時翻閱的一本買舖天書！

儲存易迷你倉集團主席 陳啟豪：

這本書內容深入淺出精闢獨到。

係我看過最好嘅商舖天書。

值得推介！

錦華實業董事長 楊奮彬：

　　本人認識李根興先生是在今年初，因我司購入多間商鋪。雖然與他未曾見面，但他卻每間鋪都主動去細看，將所有優點及少許缺點都作詳盡分析、比較，並作現場錄影。我看後覺得此君做事十分認真，深入淺出，具極高素質。

　　前幾月，我約請他餐聚，經詳談，認為此君不但學識淵博，反應敏捷，對鋪位及樓市分析有獨特見解，實是一位與眾不同、不可多得之人才！

Chapter 1

基礎篇

十大買樓買舖分別

以前我讀大學的時候，聽到朋友說他父親在荃灣有一間舖，我一聽便大感驚訝：「嘩，有間舖，他的家底一定很富有！」其實，所謂「有間舖」，究竟是舖王，還是一間 40 呎的「劏場舖」，我根本弄不清。但是，若朋友跟我說父親擁有荃灣區一個住宅物業，我肯定覺得平平無奇。我相信，不僅我作如是想，在很多人觀念中：擁有一所住宅，只屬應份；擁有一個舖位，則非常了不起！

　　樓市成交量是舖市的十倍，舖王的呎價亦是樓王的十倍。究竟買樓好，還是買舖更佳？以下跟大家倒數十大買樓與買舖的分別。

第十：買樓如娶妻，買舖如包養情婦

　　論供應，住宅是求過於供，商舖則是供過於求。住宅是必需品，傳統上說「娶妻求淑婦」，女子只要不是外貌太醜，通常不難嫁出。住宅樓宇，無論面向垃圾房、板間房、焚化爐，甚至是一間劏房也好，都會有人居住。但商舖則是奢侈品，猶如找情婦，質素差的舖位，隨時長期遭市場冷落，不止空置一個月、一年，甚至十年、二十年也泛人問津，正如樣子差的情婦，就是沒人要。

　　所以買舖最重要是「靚」。市場上，靚舖（優質商舖）升值幾千倍，例子多的是，住宅則最多升幾百倍。舉一例子，在波斯富街與羅素街交界的地舖，實用 400 呎，曾升值 7600 倍，破了香港紀錄。

第九：買舖要夠「專」

　　談到投資物業，買住宅是小學程度，買工商廈是中學程度，買舖則是大學程度。買任何物業，事前必須到現場視察環境，「買樓」頂多早晚各視察一次，買舖則須早市、午市、晚市、下午茶與宵夜時段、平日與假日，都要親身視察起碼十次，這還未計中秋、聖誕、新年等特殊日子，人流、車流均大為不同。買舖好比讀大學一般，須付出更多溫習時間。

●買舖好比讀大學一般，須付出更多溫習時間。

第八：住宅樓宇有新供應，地舖則沒有

　　今年新樓宇落成，或許提供數萬個單位供應。但若問皇后大道中地段，十年後會增加多少地舖？答案是：沒有。不僅如此，甚至可能因收購重建而有所減少。

樓上舖位、銀座式舖位、劏場舖位的供應或有增加，但地舖只會有減無增。筆者過往買賣過 50 多宗的舖位交易，全部屬於「地舖」。經濟理論 101 告訴我們：一種商品如果不能增加供應反而減少，而基本需求存在，長遠必然買得過。

第七：商舖的最大敵人是互聯網，樓宇的最大敵人可能是迷你倉

如果世上沒有網購的話，舖位的價值肯定更高。正如若世上從未發明電腦，中環的寫字樓租金肯定更高，因企業要承租更大的辦公室。若世上沒有迷你倉，每人也需要更大的居住空間。據悉現在香港迷你倉面積，加起上來正好等於一年的私人樓宇供應量。

既然互聯網是舖市的最大敵人，買舖就要多著重「濕貨舖位」，亦即設有「來去水位」、能供服務性行業使用的商舖，例如餐廳／髮廊／老人院，「乾貨舖」則宜避開，舉凡時裝／精品／零售，由於其貨品能於網上買到，舖價難免多少受壓。不過，話說回頭，「乾貨舖」持舖者也無需過份憂心，如果網購能完全取代實體零售店，Apple Inc. 也無須於中環開設面積廣闊的旗艦店。

第六：時間是住宅樓宇的敵人，卻是商舖的朋友。

一棟擁有 40 年樓齡的樓宇，樓價硬是比不上旁邊剛落成的新樓；但舖位卻甚少人在意舖齡。消費者逛街，斷不會介意舖位新舊而不進入消費，只管品牌及門面裝潢是否光鮮。40 年前某住宅可能座向「無敵海景」，如今卻給新樓遮擋了景觀。商舖只管旺與不旺，40 年前門口是一條馬路，40 年後面前仍是一條馬路。倘附近重建，人口更

●時間是商舖的朋友

會因而增加。因此「舖王」多位於舊樓之內,「樓王」除了山頂獨立屋,
一般皆是新樓。

第五:買舖手續費高,買樓手續費更高

　　買樓須付 BSD（Buyer Stamp Duty）和 SSD（Special Stamp
Duty）,以前要付 DSD(Double Stamp Duty),如今更要付 15% 的
Ad Valorem Stamp Duty,換句話說,若以盛滙商舖基金名義買
樓,今天買入,明天沽出,那要付 15%BSD+15%AVD+20%SSD＝
50%,即是 ⋯⋯ 什麼也不用買了。

　　但買舖只需付 DSD（雙倍印花稅）,即使我今天買入明天放
售,一間 2000 萬以上的舖只需付 8.5% 稅項,相比住宅樓宇節省了
41.5%。所以只要樓市十分一資金轉來舖市,舖市資金馬上多了一倍。

第四:買樓感覺如「上車」,買舖猶如上「過山車」

　　買樓感覺如「上車」,買舖猶如上「過山車」,因為買家自我感覺好
High（優越）。商舖業主經過自家舖位時,不時會向身邊親友炫耀一番。

　　住宅一旦出租後,業主不會無緣無故進入單位,租客升職加薪也
與他無關;但商舖打開門口做生意,業主每天也可視察自家物業,若
租戶生意興旺,業主也隨時加租分享經濟成果。

●買劏場舖要非常小心。

第三：劏房絕少分契出售，舖位分劏分契很平常

　　劏房絕少分契出售，因為屋宇署條例及消防條例不容許這樣做；但一些大邊商舖，買回來後分契十個八個來出售也很常見。甚至有人買入酒樓、商場劏成數百個單位出售也屬平常。不過，筆者忠告大家，買劏場舖要非常小心，萬一所在商場淪為「死場」，小業主隨時不止蝕一、兩成，而是蝕八成、九成半，血本無歸。以尖沙咀首都廣場為例，小業主以近830萬買入一舖位，最終以70萬沽出，連手續費蝕足9成半。但街舖來說，即使是劏舖，人流則較具保證。

第二：樓宇易遇「租霸」和凶宅，商舖少涉「租霸」和凶宅

　　有一個笑話說：如果租客痛恨業主，隨時不交租不遷出甚至毀壞裝修陳設，業主即使從法律程序追究也需花上幾年時間。甚至租客自殺，物業慘變凶宅，物業價格立跌兩、三成。租客這回豈不是有仇報仇？

但商舖打開門口做生意，租客就算想做「租霸」，也得僱用員工付工資，絕不划算，一般也會乖乖把舖位交回業主。商舖裝潢也是由租客出資裝修，也不可能毀壞自己的陳設。另外，商舖有人流、人氣，甚少聽聞凶舖的存在。

第一：買樓多綿羊，買舖多大鱷

買舖一般重呎價，頂多買貴了，終歸有一定價值，也無需注意水電煤設施牌照等事宜。而舖價便宜的要二、三千元一呎，貴的如舖王波斯富街 83 號 N 號舖，可達 137 萬一呎，基本上看呎價已全無意義，買舖多數只看「回報」。

既然買舖重視回報，租約自然「水份」多的是，如租約寫租金 10 萬，實際交租 8 萬，更甚者成交日租客拉閘離去，牌照追不回。所以買舖必須留意「風火水電」牌照是否齊全，而且不同牌照有不同規格。

香港平均一間舖三千萬，銀碼較樓宇為高，萬一買錯，易受重創，因此敢買者多是老手。如果自問是投資新手，進入舖市前便須萬分小心。不過很多舖位業主已發財立品便是了。

中國人說「一舖養三代」，卻甚少聽到「一個單位住三代」。買樓買舖各有利弊，希望上述的十大分別對讀者有所幫助。

●中國人向來有「一舖養三代」的智慧。

十大買舖陷阱

俗語說「一舖養三代」，不過三代不容易養。買舖存在許多陷阱，16 年前筆者開始與商舖結緣，現在和大家解構買舖十大陷阱。

第十：商舖是什麼物業及位置

你要弄清商舖是什麼物業及位置。有些舖位，表面上看來是一間舖，實際卻是一個住宅物業，若你以有限公司購入，隨時要多繳付三成稅。舖面的大小，會否有僭建呢？閣樓是自建閣樓，還是入則閣？可否坐人還是純粹存貨？切記不要盡信經紀給你的圖則，可能有些主力柱經多次改動下已從圖則消失，緊記從屋宇署網站（www.bravo.bd.gov.hk）翻查正式的圖則，並到現場確認自己舖位於圖則的所在位置。

第九：商舖可做什麼行業

留意商舖屬於集體官契，還是大廈公契。以大廈公契為例，有時會寫明某些厭惡性行

●商舖可做什麼行業

業不能經營，幸運的話僅局限不能經營殯儀業或售賣肉類，不幸的可能禁止經營飲食業，因此必須看清楚公契的所有條款。若誤買一間位於街市內但公契列明不能賣肉，那租客的客源便狹窄得多。

第八：商舖能否出牌？

商舖如能出牌，自然較為值錢，好比鑽石獲 GIA 認證一般。不是每間舖位均能出牌，須視乎牌照種類。如食肆牌照規定走火通道樓底起碼有兩米高，要有洗手間、來去水，每平方呎能承重 80 磅。別以為地舖便必然合乎規定，萬一設有地庫，承重那一關便可能過不了。另外，商舖必須是商業用途，如樓上有註冊學校或老人院，出牌便更為困難。再舉一例子，如欲替遊戲機中心或麻雀館出牌，便須確保 100 米範圍內沒有其他教育機構。更重要的是，商舖的上手成功出牌，不代表新申請必然順利（除非頂手），因為規例正不斷收緊。

(8) 商舖可否出到牌？

●商舖能否出牌

第七：舖內商戶的生意是否合規？

買舖的目的，無非為了升值、收租及日後加租，但若租客經營的業務不太合規，恐怕連租金也收不到。舉一例子，一間按摩院，若是同性按摩就問題不大，相反異性按摩（膝頭以上、膊頭以下、四肢以

內）則較敏感，須申請「按摩院牌照」，而此牌照申請甚難，需要得到城規會及警務處處長批准。故此如租客經營按摩院，而又未取得牌照，業主便要小心其業務是否合規。事實上，不僅按摩院，醫館、藥業、藥房、補習社、寵物店、老人院等，作為業主也要了解是否合規經營，否則可免則免。

第六：商舖的風火水電煤齊備嗎？

最好的舖，當然是風火水電煤齊備。香港大約有 14% 的商舖沒有煤氣，不能經營中式小炒食肆。最常見的問題是不夠電，許多行業均受影響，如飲食業、髮廊、電器舖、洗衣店等。

電分為單相或三相電，如舖位大過 300 呎，宜盡量選一間有三相電的，因市面許多舖位只得單相 60AMP，僅能支援約十部雞蛋仔機，把招牌霓虹燈或冷氣計算在內已超負荷。如欲加電，則要留意大廈有否用剩的電，並需經過業主立案法團批准。來去水方面，「來水」容易加，「去水」則較困難。

第五：商舖結構安全嗎？

買舖往往遇到一問題：商舖位於舊樓裡面或租客仍在，難以驗舖。很多舖位也有漏水問題，該如何處理？附近見到沙井，俗稱「圓清方臭」，因方形是污水渠，圓形是雨水渠，萬一沙井位於舖內，就不能用作廚房或食物室，異味、蛇蟲鼠蟻等問題亦較多，買舖時必須多加注意。

●常見屋宇署發出的 Building Orders

第四：商舖僭建、Building Orders 等問題

　　買舖時緊記搞清有沒有僭建或 Building Orders 等問題。有些商舖，門面乍看寬敞，原來是僭建出來的。Building Orders 方面，最常見有清拆及還原維修令（S24）、危險樓宇維修令（S26）、斜坡維修令（S27A），若不理屋宇署的命令，最高罰款廿萬及監禁一年，別以為那是「無牙老虎」，過去曾有判監的先例。

第三：發展商周圍收購進行中？

　　若買舖「博收購」，需留意三種模式。一、市區重建局收購；二、發展商跟業主單獨洽談；三、發展商強拍。

　　市建局收購的話，會按市值賠償 110%-135%，還可能有額外補償津貼。

　　發展商跟業主單獨洽談，也有機會談出好價錢。

切忌發展商已收購了最少八成業權，而樓齡已超過 50 年及樓宇日久失修，如發展商申請強拍，收購價肯定最差。不過，筆者尚未聽聞業主蝕本收場，通常是嫌賺得不夠多吧了。

遇到一些較僻靜的舖位，經紀可能會吹噓發展商正在收購樓宇，讓買家憧憬買入後被高價收購。筆者覺得買僻靜舖位博收購，風險無疑太高。須知冷清商舖做不了生意，乾等根本不知要等多少年。買舖最緊要「以戰養戰」，做到生意就不怕等。作為業主，即使好運得到市建局提出收購，也可能因重重因素告吹，如 2017 年市建局萬安街／大角咀道需求主導重建項目，便因未達八成業主接受門檻而終止。

第二：公司股份轉讓的風險

有些人會利用公司股份轉讓方式買舖。這的確可節省 8.5% 物業印花稅，只需繳付 0.1% 股份轉讓印花稅，但此舉有不少弊處必須小心：(1)公司隱藏負債。例如上手業主在澳門輸錢，用公司名義借錢分十年攤還，若你接手公司，欠債便由你承擔。(2)銀行不會為公司股份轉讓的物業做按揭，買家必須繳付全數（Full Pay）後再和銀行商討借貸，成功與否視乎公司貸款能力而定。(3)買入後如舖價上升，上手業主可以諸多藉口不完成交易。

第一：租舖合約細節的陷阱

慎防租舖合約隱藏見不得光的細節，例如假租金或假租客。商舖很少講呎價，一般講厘數回報，有些業主很「醒目」，跟租客議定租約寫八萬，實際租客僅交租五萬，藉以提高舖價。待買家接手後，才發現八萬元租金收不足，甚至租客離開，租值因此下降，那時候又得付經紀佣金重新尋找租客，損失不少。

　　看過以上買舖十大陷阱，彷彿買舖如入「龍潭虎穴」，但也不必
過於擔心，其實香港仍有很多良心業主，差在你遇不遇到吧了。畢竟
買到靚舖，幾十年間升值數百數千倍的個案多的是。

Chapter 2

進階篇

PRO 選舖方程式

選舖三大條件

Prospect + Rental + Options

我常常對朋友說:「我不是商舖投資者,我只是生意人。」這是什麼意思?大家看下去便會明白。

買舖,要買得 PRO。買舖當然要懂得看前景(Prospect)、租值(Rental)和配套(Options)。筆者從早到晚都「睇舖」,目的是搜羅城中質優舖位,買入再賣出給新買家,希望做到「薄利多銷,貨如輪轉」。我膽敢「攬上身」,自然是確保持有的舖位是好東西。那麼,睇舖有何步驟和竅門呢?以下和大家分享。

買舖 要買得PRO,買舖就係要識得睇前景、睇租值、睇配套。

　　第一：看前景（Prospect）。「前景」是指一間商舖未來的人流將會增加，或周遭的人均消費力將會提升。怎樣得知呢？主要看三方面。（1）基建帶動：例如高鐵及港珠澳大橋落成；（2）人口增長：例如元朗、大埔的人口正增加；（3）重建潛力：例如深水埗舊樓、觀塘裕民坊、北角區等將有多個新商廈或住宅重建落成。

　　如果一間舖屬於做街坊生意的「民生舖」，僅得本區屋邨居民光顧，而缺乏外人來消費，那麼此舖的最大價值僅在「收租」而前景一般。因為屋邨居民只會越來越老化，消費力也隨之下降。

　　業權分散的商場舖，我亦不大考慮，因為這類商舖欠缺中央管理，長遠來說大部分都走下坡，除非小業主能夠齊心搞好整個商場。

買舖(1) 先睇前景(Prospect)。前景就係指一係就間舖

　　第二：看租值（Rental）。以今天市況，買一間舖位回來，租金回報最好約有三厘。若你找到一間舖有四至五厘回報當然甚好，但遇到這種「筍貨」，切記留意租約的真確性，慎防買入後租客離場，再收不到同等租金。如果買入的舖只得兩、三厘回報，最好參看該舖前景，考慮是否具有上升的空間。而若買入後回報不夠兩厘，一般情況下我會避免，除非有證據支持該舖此刻的租金較同區屬嚴重偏低，或你真的非常看好該區的發展前景。

　　第三：看配套（Options）。配套完善的商舖，可用於經營各行各業。這類舖位，如做零售失利，可轉做髮廊；髮廊不行呢，又可轉營飲

食業。究竟怎樣的舖位才達此理想？說的是「風火水電煤」齊備的商舖。反之，若一間舖通風差、走火通道不符規定、供電不足、

●舖位不能變通，自然毫無 Options 了

煤氣接駁不至，難免大多行業也經營不得。這間舖位不能變通，自然毫無 Options 了。

　　許多人以為筆者是商舖投資者，其實誤會了。我並非投資者，而是生意人，兩者有三大分別。首先，投資要分散，做生意要專注，我專攻幾千萬以下的商舖，其餘一概不買，所以算不上投資。第二，投資要賺盡、利益最大化，做生意則講究貨如輪轉，將利潤空間留給下手買家，口碑建立了，就不乏回頭客光顧。第三，最重要的是，作為投資者，持貨賣出後等於「分手」，而做生意呢，把貨品售出後，才是雙方關係的開始。正因如此，筆者願意搞好售後服務，確保買家有錢賺，才能彼此建立良好關係。說句實話，若我是投資者，買舖知識當然不肯輕易教給別人，正所謂「肥水不流別人田」；但作為生意人，我想更多人認識買舖這一門行業，才能長做長有。

　　透過上述的 PRO 買舖方程式，方能中長線買舖獲利，希望對大家有所啟發。

PRO 選舖方程式視像版

P-Prospect

前景

舖齡對舖價的影響

考一考大家，新舖、舊舖、非常舊的舖，哪一間較值錢？

跟住宅物業不一樣，住宅通常是新樓較值錢。大部分「樓王」均屬新樓，但「舖王」多數是舊樓。因為對於住宅樓宇，時間是敵人；對於商舖，時間就是朋友。

憑我睇市場上過千單成交，我覺得最新落成嘅舖，即係發展商賣出來嗰啲係比一般市價值錢。

不過，雖說舖位越舊越值錢，卻非一成不變。如果畫一條舖齡與舖價的線，X-Axis 橫軸代表時間，Y-Axis 縱軸代表價錢，那條線將有如 J curve 一樣。以筆者所觀察市場上逾千宗成交個案來說，最新

落成、由發展商直接向市場銷售的商舖，一般較市價為高。香港的街
舖平均舖價為 3000 萬，假設面積與位置一樣，這類最新落成的新舖，
大概售價高市值 15-20%。原因是新舖的「風火水電煤」配套較為齊
備，又較少漏水或渠道淤塞等問題，可免除因突然要維修而停業的麻
煩，故深得租客歡迎。受租客青睞，舖價自然較高。

●新舖的「風火水
電煤」配套較為齊
備

因為風火水電煤的配套一般較齊備，又唔會漏水或者塞渠
呢啲問題。

　　隨著商舖日漸老化，相對同區同面積的舖位，舖價會相對偏低。
最不值錢的是約三十年舖齡的商舖，因為「博重建」嫌太早，風火水
電煤配套則較新舖落後。

　　但歷史更悠久的商舖，即舖齡約 40、50 年以上的老舖，反可能
變得很值錢。在現今法例下，老舖位處的大廈重建潛力越來越大。以
九龍城南角道的大廈為例，它可能給市區重建局收購，獲所評估市值
的 110-135% 作為賠償，甚至得到額外補償金來彌補生意營運損失。
亦有一些情況，發展商會直接向業主討價還價提出收購。此外，假如
有人收集了不少於八成業權，而樓齡超過 50 年，也可申請強拍。但
無論哪種情況，也從未聽過被收購舖位的業主因此蝕本。

之後隨住間舖慢慢老化，相對起其他所有舖都較唔值錢。而最唔值錢嘅時間應該係大約三十年多左右嘅舖。

●最不值錢的是約三十年舖齡的商舖

以太古於 2017 年上旬收購了皇后大道東的一列舖位為例，那些商舖便升值了 2400 倍。所以筆者說舖齡如 J curve，博中收購的話，老舖舖價的升幅可以相當驚人。故此，舖齡雖非買舖的最重要考慮要素，但也值得多加留意。

舖齡對舖價的影響視像版

民生 vs. 核心
四類型不同商舖

買舖要買得 PRO，先要得知什麼人會光顧
你的舖。其中一種分類法，就是以「街坊
客」（居住於商舖附近一帶的人）或「外
來人」去區分。居於舖頭樓上的，多數是
家庭主婦、老人家、學生；至於外來人，指的是
自由行、遊客、闊太或上班一族。

核心舖
核心民生舖
民生核心舖
民生舖

以下我就住以上四類型嘅舖，用本地人
同外來人入比例分析下投資嘅利弊。

　　大家常在傳媒聽到「民生舖」或「核心舖」，其實兩者之間還有
一些「民生核心舖」和「核心民生舖」。以下筆者分述四類型商舖的
投資利弊。

1）純民生舖（0-25% 外來顧客）： 如果外來顧客的比例少於四分之一，我會介定為純民生舖。這類商舖，一般只得鄰近居民光顧，例如小西灣、荃灣海濱花園或屯門龍門居等大廈地舖。由於此類舖甚少外來人光顧，而樓上居民只會越來越老化，消費力下降，前景一般較暗淡。除非碰上租金回報有三、四厘以上，否則我通常避免購入。

2）民生核心舖（26-50% 外來顧客）： 如果外來顧客的比例佔四分一至一半，可介定為民生核心舖。許多時候，只要你見到某街道或地段以「墟」、「圍」、「坊」命名，往往是兼有本地居民和外來人的聚腳點。例如大埔墟、上水石湖墟、元朗市中心、大圍、荃灣路德圍、裕民坊、北角、堅尼地城等，這些地區的商舖，既有街坊生意為基礎，加上同區及跨區顧客光顧，即使在逆市下也進可攻退可守，非常吃香。本人也買入不少民生核心舖。

2. 民生核心舖
外來人(26%-50%)

例如大埔墟、上水石湖墟、元朗市中心、大圍、荃灣路德圍、裕民坊、北角、堅尼地城等。

3）**核心民生舖（51-75% 外來顧客）**：如果外來顧客的比例佔一半至四分三，我形容為核心民生舖，即既有本地人消費，也不乏遊客、自由行、商務客出沒消費的地段。例如尖沙咀厚福街、旺角登打士街、銅鑼灣景隆街、中環威靈頓街、灣仔皇后大道東及佐敦白加士街等。這些地方常見遊客探訪，也聚集不少本地人前往飲食或購買日常用品。投資這類商舖亦屬不俗之選，有時舖價略為高企，但「一分錢一分貨」，都值得的。

4）**純核心舖（76-100% 外來顧客）**：如果客源主要依賴遊客或區外顧客，佔四分三以上，可介定為純核心舖。許多人買入此類商舖，是用來「威」（炫耀）的，例子有銅鑼灣波斯富街、尖沙咀海防道、旺角彌敦道、中環蘭桂坊及皇后大道中等。這些地段升值快亦跌得狠，非常依賴本港整體的遊客人數及內地政策，稍有風吹草動或社會動盪，舖價馬上震一震。當然，此類舖位的舖價升起來亦難以置信，好比銅鑼灣波斯富街及羅素街交界，如今由 Folli Follie 經營的一間地舖，就足足升值 7600 倍。由於金額大，敢買入的多屬投資老手，

一般投資者想涉足也不容易。加上這批業主的持貨能力極強，即使淡市時租金跌幅逾半，許多業主亦只會長期持有，甚少低價拋售。因此想投資純核心舖，必須特別小心。

　　筆者買舖是求財而非為面子，自2009年起買賣超過70多間商舖，大部分均位於民生核心地段或核心民生地段。純民生舖少碰，因為前景較弱；純核心舖幸好從未沾手，否則過去幾年跌市，恐怕會虧損不少。

　　當然，百貨應百客，上述只是本人的看法及投資取向；究竟什麼類型的商舖適合閣下，就視乎你的口味與財力了。

民生 vs. 核心
四類型不同商舖視像版

四類店面商舖

談到買舖小貼士,這裡先以一個例子說明。
位於元朗的合益商場的「麗麗髮型屋」,
在 2017 年 7 月份以 1063 萬售出,為什
麼它值得這個市價?

　　用店面門口作分類,商舖有四類型:(一)位於街道的大單邊商舖;
(二)一面座向街道,另一面座向商場的「雙面舖」;(三)向街的
單面街舖;(四)商場內舖。四類商舖,同樣租值,市價亦有相當大
的差異。

買舖小貼士:四類店面商舖

　　四類商舖之中，最值錢的當然是位於街道的大單邊商舖。以上述的「麗麗髮型屋」為例，假設它是一間「大單邊商舖」，以同樣租值同樣大小計算，它的市值應該為 1200 萬。

　　而事實上，「麗麗髮型屋」是既向商場又向街的「雙面舖」，由於商場會日久變舊，人流減少，所以它市值為 1063 萬略低於「大單邊商舖」。

　　假如它是純街舖而單面向街，基於門面狹窄，市價方面我評估約值 850 萬。再假設它是商場內舖，就大概只值 600 萬了。

　　至於租金回報上的差異，可舉另一例子分析。旺角廣華街 1 號地下 18B 舖，在 2017 年 7 月以 2900 萬成交，其租金厘數回報為 2.86%。「向街舖」與「商場舖」的租金回報頗為不同。一般來說，向街舖的租金回報約 2-3%；而「商場舖」的租金回報較高，約 3-5%。

　　這是因為買入一間商舖，投資者往往考慮到 20 年後周邊環境的轉變，例如人流將增加或減少、舖位附近會否變得殘舊等等。「街舖」由於大門朝向人來人往的街道，永遠具備一定需求；但「商場舖」萬一整個商場經營不善，人流可能大大減少，令市價降低。商場舖由於市值偏低，租金回報便相應較高。

　　四類型商舖，回報各有不同，買舖時必須留意。

四類店面商舖視像版

買舖博收購可以嗎?

買舖的目的,無非是「三等」:等收租、等升值、等重建。

　　在重建的層面上,有以下幾種情況:(1)市建局來收購,這是最好的;(2)發展商來商討收購,逐家逐戶去洽談;(3)強制拍賣收購,這是最「不好」的狀況。

第110商舖知識:買舖博收購,博到點計?

榮光 48号G
此地方乃市區重建局物業,
請勿闖進及擅自使用。

市區重建局告示

如需抄水電錶
請致電:
5966 3562

如果真係畀你等到/博到,有人嚟收購你間舖,結果通常會

買舖博收購,博到點計?

　　但無論怎樣不好，我從未聽說一間商舖，業主會因為收購而蝕本收場，通常只是業主「獅子開大口」，嫌賺得不夠而已。

　　我們不妨看看市建局大角嘴萬安街重建項目。該地舖牽涉面積1170平方米，位處萬安街、福利街及大角嘴道交界，涉及168個住戶及19個商舖。

收購價點計? 這裏很大陣味...市區重建局收樓計算嘅價錢同

　　市建局對住宅及商舖的賠償方式有所不同。樓宇方面，市建局會聘用7間獨立的測量師行協助估價，一般以同區7年樓齡內的物業作比較，剔除最高及最低的數值，以餘下5間測量師行估值的平均值為收購金額。

　　假設一間即將被收購的商舖，面積為15呎闊 X 40 / 50呎深，若每間市值2000萬元，自用舖能獲135%的價值，即可獲賠償2700萬，此外還可向市建局申索其他賠償；出租舖的業主，則只獲110%，即2200萬。租戶則獲得三倍的應課差餉租值，假設租金是每月5萬元，年租60萬，租戶可獲賠償180萬。

　　當然，舖價值多少，你有你的主張，他有他的估算，作為業主，收購價再可觀也好，業主一定覺得不夠。業主覺得不夠，仍可向土地審裁處申訴。下一篇文章，筆者會向讀者詳述市建局收購商舖的計算方法。

市建局收購商舖如何計算

買舖的目的，無非為了收租、加租、升值
與期望被重建收購。如果你擁有一間商
舖，真的被你「博到」有人收購重建，
最終結局會如何？
首先，要看收購者是市區重建局抑或私
人展商。這裡先談市區重建局的收購情況，因
為比較直截了當、簡單易懂。

世上最好賺錢是什麼？那就是付費者根本並非從自己口袋裡拿
錢，而是慷他人之慨。市建局的錢始終是公家的，故此過去有許多項
目，即使蝕本都會繼續做。如果市建局看上了閣下的商舖，真要恭喜
你了。

●市區重建局如何選擇收購項目

以土瓜灣榮光街27號舖為例（收購前經營者為「雅高洗衣店」），2018年4月被市建局收購，作價1609萬，該舖實用面積僅500呎，若非收購者是市建區，其市價最多值1000萬。

由2001年成立以來，截至2017年6月30日，16年間市建局共展開了65個重建項目，涉及715棟樓宇，提供了18300個新住宅單位及總面積400萬的商舖／寫字樓／酒店。單以2017年計，市場上全部發展商的重建新盤共有33個，市建局地盤便有4個，佔12.1%。只談地舖的話，這些年來市建局約收購了2000間舖，當中最大的項目是觀塘裕民坊，涉及商舖約300間。當時邵逸夫家族、霍英東家族、冠華家族、中國銀行、恆生銀行、滙豐銀行皆有商舖位於裕民坊，全數為市建局收購，涉資港幣24億元。

市區重建局如何選擇收購項目？

市建局收地，可分為主動和被動，若非讓局主動提出收購，便是由業主一方洽商希望出讓物業。市建局若主動提出收購，究竟它們內部是如何挑選項目呢？外人難以得知。

筆者只知道，2011年市建局推行「需求主導」重建計劃，其成立目的，據年報所載，最主要是加速市區重建發展，去舊立新，創造更美好的生活環境。理論上，該局設有「諮詢平台」收集各界人士的意見，評估對社區環境影響，作日後參考之用。例如在2014年，「諮詢平台」便向市建局提交了一份「九龍城市區更新計劃」，因應區內適合作重建、復修及活化的範圍提出建議。及後市建局在該區的收購方向，又的確參考了不少「諮詢平台」的意見，如土瓜灣啟明街／榮光街一帶，大體上收購範圍與「九龍城市區更新計劃」吻合。

再研究市建局的過去收購計劃，該局所選擇的項目，一般都屬於日久失修的樓齡 50 年以上舊樓，合併地盤面積起碼五、六千呎以上，亦即起碼 6 個舖面般大小。當中最小型的項目，是於 2003 年開展，位於紅磡必嘉圍的「Baker Residences 御悅」，地盤面積只得 277 平方米（2982 平方呎），實際上只牽涉兩棟舊樓宇，當初僅 9 人受重建影響。重建後，那裡變為 68 住宅單位。而紀錄中最大型的項目，則是 2006 年開展的觀塘裕民坊重建計劃，其地盤面積共 53500 平方米，相當於 200 個紅磡必嘉圍項目，其受影響人數達 3139 人。換言之，市建區的收購項目，可大可小，沒有絕對準則。

主動向市建局提出出議

如果市建局遲遲未看上了你的商舖，可以如何做？其實業主也可以主動向市建局洽商。方法是收集整棟樓宇最少 80% 的業權，而地盤面積最少有 700 平方米，即可向市建局申請「需求主導」重建計劃，市建局會調查樓宇狀況，評估是否屬於「失修」或「明顯失修」。初步審批成功的話，市建局會發出有條件的收購建議，向所有業主提出一個賣樓／賣舖的價錢，在 90 日內若不少於八成的業主接受及簽署具法律約束力的買賣協議，基本上便成事了。倘若不是所有業主皆肯簽署，只要超過八成願意，也可以申請強拍。

此計劃原意不錯，可惜許多大廈都被發展商買下超過兩成的業權（俗稱落釘），若市建局作為中介人的角色鼓勵小業主出售業權的話，變相仿似強搶民產、官商勾結般，因此該計劃於 2017 年 6 月由市建局行政總裁韋志成宣佈暫時擱置，不接受新的申請。那麼要暫停多久？他說大約為期兩年，我們且拭目以待。

市建局如何計算收購價？

收購價如何計算？剛才說過，市建局計算「收樓」與「收舖」的方式甚為不同。收購商舖，局方主要看業主是用作「自用」還是「出租」。

以土瓜灣鴻福街 25 號地舖為例，面積僅 500 呎，收購價達1286 萬。其估值方式如下：市建局會聘用兩家獨立測量樓行作估值，以較高者作定價基礎，連同特惠津貼向受影響商舖的業主提出收購建議。特惠津貼如何計算？如果該物業是出租或空置物業，特惠津貼是市值估價的百分之十，或相當於應課差餉租值的金額，以較高者為準。

基本上，業主等同多獲約 10% 的賠償。但若然該舖屬自用的，業主正在舖內經營生意，特惠津貼則是估值的35%，或相當於應課差餉租值的 4 倍金額，同樣以較高者為準。

舖賠償價值視乎是自用或出租
●市述局如何計算收購價？

租戶能否獲得賠償？

另外，合資格租戶及自用舖業主，可以得到「營商特惠津貼」，金額以舖內生意的經營年期為基礎，每年可獲應課差餉租值的 10%，以 30 年為上限，亦即最高特惠津貼是差餉租值的三倍，相當於 36個月的租金，上限為 70 萬。以土瓜灣啟明街 24 號舖為例，市建局以 840 萬收購，假設其市值租金為一萬元，在此經營了 30 年計算，市建局便得再賠償 30 萬予租客或自用的業主。

想再獲更多賠償？

如果業主嫌「特惠津貼」不夠，理由是因搬遷而帶來重大的生意損害，還可以申請「營業額損失」補償。其申索事項可包括永久或暫時性的損失，如生意利潤損失、生財工具價值損失、商譽損失、僱員發放遣散費的損失、重新鋪設電話線開支、印刷搬遷通告費用等。基本上是任由商戶開價，但也要提出相關證明文件，但誰都會把自己的「慘況」無限放大以索取更多賠償。

此外，市建局只會補償合法建築部分，僭建部分將不獲任何賠償。

洽商不成又如何？

商舖由於每一間都不同，市建局會採取私人洽商的方式來收購，逐一談判。倘若真的談不攏，市建局尚有「尚方寶劍」，那就是根據《收回土地條例》來迫令收舖，業主不服的話唯有向土地審裁處申訴。

以大家熟悉的「波鞋街」為例，2011 年 2 月地政總署宣佈根據《收回土地條例》收回洗衣街 / 花園街（即俗稱波鞋街）的私人土地業權，以便市建局進行市區更新計劃，當中牽涉 38 間零售商舖，其中一間位於花園街 78 號 A2 舖，市建局於 2007 年提出重建收購，2011 年以 5514 萬賠償給業主，但業主不接受，訴訟至土地審裁處要求重新估價。其後地政總署估價 8771 萬，業主則聘用一家測量師行提出估值約一億。結果 2016 年 11 月最終裁判，取兩者的平均數，業主可獲賠償 9735 萬。以一間實用面積僅 312 呎的舖位，每呎賠償額為 312000 元。

正所謂「博收購」，一個「博」字說明機率不大，但只要業主夠長命，或者有生之年可以等到收購的。

市建局收購商舖如何計
算視像版

私人發展商收購樓或舖的愛與恨

上一篇文章跟大家談過市區重建局收購的流程，本文就為大家分享私人發展商如何收購物業。

收樓，好比結婚一樣。愛他，因為你是自願的，為了他的錢你嫁給他。恨他，因為你是被迫的。雖然他錢多，但你始終解不開心頭結，雖牽掛夢中情人，但最終被迫嫁了個有錢人，隨時恨他一生。這就是「強制拍賣」。

●發展商條數究竟點計？

為何你會愛上私人發展商收購？

筆者於 1995 年畢業後，第一份工作便是在南華證券擔任地產研究分析員，當時專門研究長江、新鴻基、信和等大藍籌公司，還經常去土地拍賣場，計算發展商的土地成本。

我發現，香港八成以上的舊樓都是由私人發展商重建，市區重建局只佔少數。粗略估計，私人發展商過去十幾年合共成功收購了香港一萬多間商舖。究竟發展商的如意算盤是怎樣打的？

第一，你先要了解發展商的地盤值多少錢。發展商有意願收購商舖，先要計算拆卸舊樓後，該地盤能興建多少「總樓面面積」（Gross Floor Area, GFA）。GFA 包括淨樓面面積及樓宇內其他公用地方，包括露台、電梯槽、電梯大堂、保安室、樓梯、天井、大廈外牆牆身厚度等。

第一，你先要了解佢嘅地盤值幾錢。發展商收得你間舖，佢先要計算拆咗你棟樓之後，你嗰個地盤起到幾多總樓面面積 Gross Floor Area (GFA)。

●先要了解發展商的地盤值多少錢

GFA 通常可以豁免一些與環保相關或大廈工程必須的位置，包括機械房、電力變壓房、垃圾房等。停車場方面，地下停車場可獲 100% 豁免，地面或以上的停車場則只得 50% 豁免。

總樓面面積 GFA 的計算方式是以地盤的大小，乘以可發展的地積比率（Plot Ratio）。香港一般住宅的最高地積比率約為 8 至 10 倍，商業用途的約為最高 15 倍。地區方面，港島一般較高，新界則大概為 2 至 3 倍。

如想知道地盤的地積比率是多少，先要知道該幅地皮屬什麼類型：是商業、工業、住宅甲類、住宅乙類、綜合用途，還是其他指定用途？這均會影響可建的地積比率。要查閱自己商舖所處地盤的地積比率，可從城規會 Outline Zoning Plan 的網站找到。

●城規會 Outline Zoning Plan 網站

一般來說，地盤起碼有二、三千呎的面積，發展商才有利可圖，對該地盤產生收購意欲。以西環爹核士街 24 至 26A 永勝大廈整幢物業為例，英皇集團於 2018 年 4 月以 2.5 億作出收購，該地盤面積只得 2518 平方呎，重建後總樓面面積約 2.1 萬平方呎，算得上是市場上其中一個最細的地盤。

要知道地盤小，地積比率也自然低。當然還要看地盤屬於甲類、乙類或丙類，此皆對地積比率有所影響。甲類地盤是單面向街，乙類地盤是 corner site 兩面向街，丙類地盤是 island site 三面向街。此外，街道的闊度須不少於 4.5 米，否則只視作小巷，不算是街道。丙類地盤地積比率一般最高，乙類較低，甲類則最低。如想多了解這方面的資料，不妨登入規劃署的網站（www.pland.gov.hk）看看。

假設你名下的商舖所屬地盤有 5000 平方呎，地積比率為 10 倍，亦即該地盤的可建樓宇的總面積 GFA 是 50,000 平方呎。又假設今時今日新樓宇每呎可賣到 20,000 元一平方呎，整個項目就值 10 億。心水清的讀者想必知道，地舖的呎價肯定更高。

建築成本方面，近年費用約為 3000 至 5000 元一平方呎，視乎是豪宅還是一般物業，前提是建築時的工地平整及地基工程不能太複雜，否則難免更貴。這還未計發展商經常送的室內傢俬、入牆設備等，再加上拆樓等成本大約為興建樓宇的 20 分之一價值。對發展商而言，發展期那幾年是有風險的，所以最起碼得有兩成利潤，再加上工程師、建築師顧問費、多年來收樓的利息成本，總成本及預計利潤（未收樓費用）即約 5 億。最後業主不妨計一計：究竟發展商出了多少錢去收購別人的物業，又剩下多少資金去收購你的呢？

如何可以不愛他？

如所持商舖被發展商看中，可以是一件幸運的事。譬如去年（2017 年）太古收購灣仔皇后大道東 48、50、56 號舖，每間舖只得數百平方呎面積，太古分別斥資 1.25 億、1.54 億及 1.41 億收購，每間商舖升值逾千至 2400 倍！若非得到收購，這幾間舖位以 3 厘回報計算，市值最多只是 3,000-4,000 萬左右，換言之發展商多付 3、

太古咁嘅發展商，你係唔係應該愛佢？

4倍價錢讓業主離場。假如是市建局收購，一定不可能提出此價錢，就算業主不服提告土地審裁處，也不會達此水平，我猜頂多是太古所給付的一半吧。太古地產這樣的地產商，身為業主是否應該愛他呢？

發展商想收購你的舖，怎麼辦？

很多人問筆者，如果收到發展商寄來的信提出收購商舖，該如何做？

我答：你不必太擔心，也不必太開心。雖然沒有人有準確數據，但我估計，十宗收購，九宗半也搞不成。

收購期往往短則數年，長則超過十年也司空見慣。皆因人人都貪心，小業主不團結之餘，人人都想盡量賣貴些，發展商卻想盡量控制收購成本。而且，發展商一般不會自己出面，往往透過第三方的「打手」與業主談洽。

如果真的接獲發展商提出收購，我建議業主先聘用數名測量師為商舖估價。為什麼是數名而不是一個？因為人人所估的價都不一樣，商舖的價值沒有同一標準，業主自然拿最高估價去與發展商洽談，這

樣才夠「牙力」去議價。每份報告大約 10,000 至 20,000 元，值得付的。對所持商舖市值心裡有數，之後要抬價多少來討價還價，就由自己決定了。

如果你所持的業權分數高於兩成，發展商無法提出強制拍賣的話，業主自然可以企硬一些。若然少於兩成，就要看看其他因素再作決定。據我聽聞，有些業主會由市值抬價起碼 5-6 成去跟發展商談判，有些人則「等錢使，有賣趁手」，實在是因人而異。

願意接受收購價，該如何做？

即使業主願賣，發展商也不是立刻付錢這般簡單。通常業主需簽署一個有條件的買賣協議，待發展商於一段時間內徵收到某百分比的業權份數，協議才會一次過生效。期間業主是「無錢落袋」的，萬一發展商收不夠業權，合約便會作廢。市場上收購泡湯，多數是這種情況。從發展商角度看，這做法又確是完全合理，萬一它收不齊業權，只得你肯賣舖，其他業主不肯就範，那麼發展商買下你的舖又有何用？即使要收，也該收購樓上的住宅為優先，因為銀碼細，資金成本平得多。所以一般收購步驟是「先收樓，後收舖」，皆因舖價是最貴的。

無論如何，我從未聽過有人因發展商收購而蝕本離場，最多是嫌比市值低賺得少而已。

如果我是奸人發展商收樓……

坊間流傳許多不良的收樓手法，是否真實，我無證據在手難以肯定。不過如果我是以收樓維生的「奸商」，或許可以用以下五個「賤招」來加快收樓：

(1) 先透過中間人在市場上買入大概兩至三成業權，通常先買樓

上離樓梯最遠、最便宜的物業，首先封住八成強制拍賣的門檻。霸了地盤，其他發展商就不會過來搶食。當然，我不會自己出面持貨，由中間人去辦較為方便。

(2) 擁有一部分單位後，便會想辦法通知所有業主有財團準備收購。通常舊樓欠缺管理，可以的話，我會偷偷掛個大橫額在大廈當眼處，如此一來租客都不敢租住這兒，商戶也怕日後被迫遷的麻煩而另覓舖位。

(3) 如果大廈有什麼需要維修保養，我會盡量游說其他業主不要夾錢維修，理由是「大廈快被人收購啦，搞來幹什麼？我就不願夾啦。」如此一來，大廈越來越日久失修，住客想盡快搬走，租客不敢進來，業主想租出單位就難上加難。

(4) 然後刻意把自己的單位丟空不放租，終日打開窗戶，任其風吹雨打，讓石屎剝落、漏水漏電，甚至把它弄污引來蛇蟲鼠蟻，任憑鄰居與樓下單位投訴也全不理會，最好讓漏水滲至樓下商戶，讓他們連生意也做不成。生意差、租不出，就更易以平價收購舖位。

(5) 如有業主不肯賣或開天殺價，我就傳出發展商因成本太高而取消收購的消息，連隨爆出是哪個業主「阻人發達」，用群眾壓力來迫使該業主離場，我就可以撈底收購了。

記住：筆者從沒說過「別人」會這樣做，我只是說「假如我是衰人發展商要收樓收舖，可以這樣做」。當收購樓上銀碼較小的住宅後，慢慢進一步收掉樓下舖位，夠八成業權後，就可以申請強制拍賣了。

私人發展商收購樓或舖
的愛與恨視像版

私人發展商強拍商舖

上文跟大家談及市區重建局及私人發展商收購你的商舖該如何做。賣樓賣舖，好比跟他結婚一般，愛他，因為你是自願的，為了他的錢你嫁給他。但有時你都可能恨他，因為你都是迫不得已的。雖然他錢多，但你始終解不開心頭結，牽掛著夢中情人，無奈自己被迫嫁了給有錢人。這就是強制拍賣。本篇就為大家講解「強拍」。聽起來，這故事好慘呀！

何謂不可分割業權份數？

　　要了解強拍，你先要了解何謂「不可分割業權份數」(Undivided Share of A Lot.) 一般而言，多層建築物的業權是以不可分割業權份數來表達。當業主購買一個多層建築物內面的一個單位時，他不但擁有自己單位的獨有管有權，即是說他有權只是他一個人使用該單位，亦與其他業主共同擁有建築物的公用部分。由於公用部分是由所有業主共同擁有，建築物的業權份數因此是不可分割的。而該地段的業權是以份數形式分配給各單位（樓宇及商舖）的業主。大部份情況下，業主所需繳交的維修費、管理費、甚至乎業主大會上的投票權均取決於他所擁有的「不可分割業權份數」。

　　至於如何分配呢？有時是每位業主平均分配、有時是按單位面積大小分配，但見到許多時候地舖的份數會佔多些，因為大家都知道地舖是最值錢的，所以往往佔份數較多。如何核查你的商舖的業權份數？分配方式一般於大廈公契中列出，你亦可以去土地註冊處藉 Land Search 查閱，只需登入這網站 www.iris.gov.hk 就找得到。重覆一次，要明白強拍，你先要了解自己的商舖佔幾多「不可分割業權份數」。

強拍起源是什麼？

　　《土地（為重新發展而強製售賣）條例》，即是坊間說的「強拍」，打從 1999 年起開始實行，目的是即使發展商收不足百分百的業權，只要該大廈符合某些條件，都可以向土地審裁處申請對餘下小業主作出強制售賣命令，而出售的方式一般會透過公開拍賣，即是強制拍賣，俗稱「強拍」。原本發展商是需要集齊九成或以上的業權才有機會申請強製售賣命令。但於 2010 年 4 月起，政府希望進一步加速舊樓重建，發展商申請門檻就由九成降至八成。

強拍要符合什麼條件？

只要發展商符合以下三個條件的其中一個，及集齊八成或以上的業權份數便有機會申請強拍。

(1) 該地段每個單位均代表多於 10% 的不可分割業權份數。換言之，整棟大廈只有 10 個以下的單位。例如，如果你的大廈僅得五層高，假設業權份數是平均分配的話，只要收足四層，即八成業權，不論樓齡，你就有機會可以申請強拍第五層了。

(2) 如果多於 10 位，該地段的有建築物嘅樓齡達 50 年或以上，你都有機會可以申請強拍。如何得知多少？可從屋宇署發出的用許可證 Occupation Permit，俗稱入伙紙中見到。登入屋宇署 Bravo (www.bravo.bd.gov.hk) 網站便可查閱。

(3) 第三種情況是一個工業大廈位於非工業地段，而該樓齡達 30 年或以上。如何得知地段是否工業地段？你可以到地政總署翻看分區計劃大綱圖，或登入 outline zoning plan 的網站 (www.ozp.tpb.gov.hk) 查閱。

強拍發展商要證明什麼？

如果符合以上三個條件其中一個，發展商又已經集齊八成業權的話，就有機會向土地審裁處申請少數業主「強制售賣令」。假設你的商舖屬少數業權，而你是少數業主，發展商要成功申請強拍，必須證明以下三項要素：

（1）發展商已多次嘗試出價收購你的商舖，但不成功。當然發展商需要證明曾經提出的收購價屬於估值市價或以上。醒目的業主，大抵都會如本書前文般，聘用幾個測量師來估價，從中取最高的估價，這樣才能心裡有數跟發展商議價還價。

（2）發展商亦要證明你的商舖位處的大廈屬日久失修，嚴重影響居民安全。維修狀況欠佳之餘，維修不如整棟拆卸重建，經濟效益更大。醒目的業主，如果不想被人強拍，就必須確保大廈業主齊心，妥善維修大廈，符合安全結構便沒有理由要重建。

（3）發展商申請強制售賣令的時候，需要向土地審裁處建議拍賣底價。底價是以整棟大廈計算，並非單指某一商舖。這價並非任發展商胡亂訂定的。理論上土地審裁處在考慮拍賣底價的時候，會審視相關估值報告的內容及細節，包括估價師所採用的估值方法、基準、參數，以及假設的適用性和合理性。他們亦會同時考慮包括估價師的身份、資歷及公正性。不過，規則是這樣寫，我就如實說給你聽，真實運作是否如此，我可沒有證實過。寫出來是獨立公正的，現實上你就要相信香港的司法制度。不過至今為止我尚未聽過很嚴重的低價強搶民產個案，反聽過小業主獅子開大口嫌賺得不夠多。

強拍流程是什麼？

　　申請強制售賣令及強拍的流程就如上述所說，是不是很複雜呢？簡單而言，於申請期間，小業主當然可以反對的。經過多番的交換證人供詞、專家報告及審視相關的法律文件，排期向土地審裁處進行正式聆訊後，就會決定判出或拒絕強制售賣令了。萬一小業主反對無效，而他仍不服氣，亦可以繼續申請上訴。不上訴的話，就需要於強制售賣令頒發起三個月內完成強制拍賣及將有關地段的業權轉讓給成功競投者。要獲得 Buyer Stamp Duty 買家印花稅 15% 的退稅，發展商六年內便得把舊樓重建完成才獲退稅。

強拍間舖可以分到幾多？

　　如果你持有一間商舖，你需弄清楚，發展商並非將你的商舖拿出來拍賣，而是把整棟大廈 100% 業權拿出來拍賣，再將錢分攤給各小業主。怎樣分？收到的錢就會按土地審裁處裁定的比例分攤給各業主。而土地審裁處只會按現有物業交吉的價值去作評估，不會用未來重建後的價值去衡量。土地審裁處亦不會考慮僭建的範圍及超出地契許可用途的價值。所以即使你的商舖僭建出來的範圍很大，或者小業主找到朋友承租令舖的租值很高，審裁處也只以商舖交吉來計算。當然如果你不贊成他們的估價，嫌分給你的錢不夠，可以聘用專業測量師作一估價，提供證據作出反對。

強拍每年有幾多宗？

　　自 1999 年起「強拍」推出以來，總共有數百宗申請。2012 年最高峰有 57 宗申請，但近年由於建築成本上升，15% Buyer Stamp Duty 即使重建後可以退還，都令發展商收購舊樓利息成本再進一步

上升，小業主見樓價升又更加開天殺價，因此 2016 年就只得 11 宗，2017 年輕微上升有 12 宗，2018 年截至 4 月 24 日為止就有 11 宗。以

旺角豉油街 61-67 號的物業為例，地盤面積 3844 呎，舖王波叔於 2018 年獲土地審裁署批准進行強拍，並於 2018 年 5 月 18 日上午進行拍賣，底價 3.86 億。

為何一邊申請強拍，一邊繼續議價？

　　這類個案，我不是懂得太多，但如果我是發展商申請強拍，由於法律程序需時，於申請的過程發展商一般都繼續與小業主洽談收購。一邊申請，另一邊彷如用刀仔架在小業主的頸，繼續與你談收購。許多時候，申請未批，已與小業主達成協議。最終用不著強拍。為什麼呢？

　　雖然過往有多宗底價成交，但隨時也會出現競爭者。比如 2012 年的香港仔田灣登豐街 1 及 3 號舊樓的強拍，九龍建業要爭 34 口價，付出 6800 萬，較底價高出 32% 先才投得，2005 年置地強拍大坑道 13 至 15 號麗星樓的時候，亦要爭 72 口價，付出 17.1 億，高出低價 41% 才投得。雖然，辛苦收了舊樓這麼多年才有八成業權，大家發展商通常都友好，「圍威喂」，即使有錢都很少無故與朋友去爭；但世事難料，強拍那刻，可能忽然殺出一個「程咬金」，而這神秘人物通常不願意透露自己的背景，發展商最怕這類人，怕被托高了價格，所以多數發展未必想走到強拍那一步。正因為他難以確保最終要付

出多少，小業主方面也又不知最終可收到多少，因此多數人均傾向私底下協議較好，大家都「sure win」。

成功一邊強拍，一邊議價的例子

舉一例子，麗新發展於 2006 年開始收購深水埗基隆街 54 至 56 號銀基樓一個屬於六層高的舊樓，連兩個舖位。2007 年其中一間 B 舖賣出 720 萬，但 A 舖就由經營 60 年的老字號「兩發麵廠」擁有業權，一直不肯賣，約一千呎的地舖姓楊的業主就索價 6000 萬，而麗新只肯付 2000 萬。老實說，當時那舖位很難估計值 6000 萬…2010 年時那舖位最多只值 1000 萬多一點，換了是我也不會買。既然業主封了門，麗新便於 2010 年申請強拍，由於樓齡不足 50 年不獲批准。後來又使出一些招數，重整業權份數後，再於 2014 年申請強拍，這次終得土地審裁處批准強拍。楊業主入稟反對，在傳媒搞了場大龍鳳，「反對地產霸權，趕絕小本經營」。

當時弄得全香港人盡皆知，最終一邊於法庭訴訟，另一邊大家就坐下來慢慢議價，最終雙方於 2016 年 5 月達成協議，業主收 4500 萬和解交易。我無意偏幫任何一方，但真心地說，如果讀者有印象，2016 年 5 月份舖市猶如世界末日般，2014 年底剛剛佔中完畢，不斷發生如踢喼事件，到 2015 年 10 月紅磡發生打死遊客事件，加上自由行不再來香港，零售業元氣大傷，很多人都說舖市比沙士時還差，那時我也足足停了三年半不入市買舖，故此業主收到 4500 萬真的算很好了。如果用市價成交，當時基隆街那個舖位，隨時一千萬也不值。我明白，被迫賣出祖業是很痛楚，但從價錢來看，算是十分可觀了。

強拍會否對租客作賠償？

最後，如果你的商舖租了給租客，而受到強拍又會如何？土地審裁處在作出強制售賣命令的時候，是會考慮及租客的。可能他會要求你為被提前終止租約的租客作出賠償，而受託人會把賠償的金額由強拍中業主應收取的錢中扣除，先賠予租客，餘額再給業主。至於賠多少給租客，就不像市區重建局般設有劃一標準，強拍來說每一個案都有不同，通常視乎剩餘租約還有多少日子，一般越長就賠得越多。

舖被收購，哪種方式最好？

本章一連幾篇文章剖析，如果你有一間舖，無論喜歡與否，當市建局、私人發展商或被申請強拍來收購，會出現什麼狀況。最好的是市區重建局，因為他們不是用自己的錢，而是「阿公」的，而且收購得比較講規矩、人情。第二，是私人發展商收購，雖然可能會要些手段（從事收樓這一行，可謂「忠忠直直，終需乞食」，你懂的），從正面看，業主隨時有驚喜，收到大額賠償。第三是給人申請強拍，業主給人「勒住條頸」，一邊議價，另一邊可能被迫收購。

不過從正面地看，假如有人收購你的舖，你獲得的金額多數高於市值，作為小業主，倒不如先收錢，然後在別處買過別的舖位吧！要是我，一定會讓路。

2024年香港人口分佈對商舖的影響

香港未來人口增長,與商舖買賣有什麼關係?

　　回顧香港政府規劃署的預測數字,本港2014年至2024年的人口增長,預計將由724萬(2014)增至776萬(2024),大部分增長人口位於新界,其中大埔區料增長24.6%、元朗區增長14%、北區增長22.8%。

2014年至2024年人口增長

　　至於荃灣區，雖然預計人口會稍微下降（-1.8%），但由於整體新界的人口大幅增長，而荃灣屬於新界的樞紐之一，不少區外人會前往消費，因此大埔、元朗、荃灣都是商舖投資者值得留意的地區。

　　新界區的舖價市況，多少亦反映了投資者對當區未來前景的看法。以位於大埔廣福里 12 至 24 號地舖（經營商戶為優之良品）為例，在 2016 年 9 月以 6800 萬成交易手。該舖面積 1108 呎，附閣樓 712 呎，租金共每月 17 萬元，以市價 6800 萬計算，其租金回報為 3 厘。

　　結合上述對未來人口增長的分析，大埔區的商舖可謂「有價有市」。

● 2024 年香港人口分佈對商舖的影響

上水買舖的利弊

上水買舖有何利弊？請先看看以下例子：
根據一份「差餉物業估價署報告」，位
於上水龍琛路 82 號的一間當舖，建築
面積約 800 呎，去年租值上升了 15%
至港幣 192000 元。

　　上水新康街三間舖位（94、96、98 號），建築面積約 1000 呎，
去年租值上升了 5% 至每間港幣 24 萬元。

　　上水新功街的一間舖（現經營者為價真棧），6 年間租值升了 3
倍。

　　如果你問筆者：上水現時的舖價貴不貴？我的答案是：好像去了
賭場一樣，真的要博一博。

●上水變成水貨客的天堂

　　自 2009 年深圳戶籍實施一簽多行、2015 年改為一周一行起，上水就變成水貨客的天堂。從正面看，上水現時的舖租，譬如上述提及那幾間舖位，租金仍只是每月約 200-300 元一呎；相比銅鑼灣 2013 年最高峰期的每月 3000-4000 元一呎，上水現時租值還未及十分之一。當然，銅鑼灣商舖賣的是金銀珠寶，上水商舖就賣尿片、面膜。

　　從負面看，現時在上水買舖，隨時「摸頂」，因為本地民生的消費根本不足以支持這水平的租值，合理租值頂多是一半。租值上升，純粹因為水貨客的半走私活動帶動消費，一旦幾種情況出現，便十分危險：

(1) 內地對香港的政策有變，例如「一周一行」改為「一月一行」；

(2) 內地消費品關稅再進一步下降；

(3) 內地海關根據現有法例加緊執法、扣查、罰款，甚至充公更多水貨

完全系靠阿水呢啲水貨客嘅半走私形式帶動消費。

●上水租值純粹因為水貨客的半走私活動帶動消費

當以上三種情況出現，上水商舖的高租值便會立即終結。

筆者差不多於各區都買過商舖，只差上水區例外。曾洽談至最後一口價，結果仍是臨崖勒馬，買不下手，最怕上水猶如幾年前的銅鑼灣一般。正所謂「上帝要你滅亡，必先令你瘋狂」。至於後市如何，內地新政策對上水舖價可會帶來什麼影響，大家就拭目以待。

上水買舖的利弊視像版

廿年後舖市預測
馬雲教我「新零售」的
啟示

在某個周末,筆者帶同女兒到赤柱消費,
一口氣血拼購物。我們就以赤柱為切入
點,與大家談談什麼是「新零售」吧。

　　在 2016 年 10 月 13 日的杭州雲棲大會上,阿里巴巴集團董事
局主席、淘寶網、支付寶創始人馬雲提出:「純電商時代過去了,未
來十年、二十年是新零售的時代,線上線下必須結合起來。」

●馬雲談新零售

先看一些赤柱舖市的成交價：位於赤柱大街 32 號，建築面積約 1000 呎（舖面約 15 呎闊、60 呎深）的地舖，2017 年 5 月的成交價為 1820 萬。這算叫便宜，還是昂貴？

商舖的前景如何？有些朋友跟我說：Edwin，你還在買舖？未來沒有人在實體店舖購物了，所有人都在網上購物！

每逢聽到類似說法，筆者便回想起馬雲在演講中說：「純電子商貿的平台會消失」，反而沒聽過他說街上的商舖會消失。否則，他也不會不斷投資收購實體店，例如三江購物、蘇寧電器等。亞馬遜公司（Amazon）也不會花 137 億美元收購 Whole Foods Market。

筆者身為數碼港董事，很想以個人身份跟大家分享：商舖前景與新零售概念。馬雲在雲棲大會上提出「新零售」的概念，更聲言新零售將領跑 10-20 年。那麼什麼是新零售呢？說穿了就是：

線上平台＋線下平台＋物流結合

前面說的是場景與貨品，中間說的是 Marketing 與物流，後面說的是大數據與技術支援。亦即要把 AR（擴增實境）、AI（人工智能）、VR（虛擬實境）結合起來，令顧客有更貼身的感受。在零售商層面，這可減省存貨、人手，從而降低成本。

或許無需講得太複雜。筆者會與家人「家庭樂」出外逛街消費，大部分普羅大眾亦如是。廿年後的人，能否單憑電腦前 click 一 click，就取代逛街、吃喝、觸摸貨品的感受？相信很難。那麼，廿年後的「新零售」體驗將會如何？以買一條褲子為例：

在「新零售」模式裡，當顧客走進零售點（店舖）前，店方已透過大數據，得悉顧客的過往消費行為及品味，透過 AR（擴增實境）

及 VR（虛擬實境），消費者可提早在家中預先「試身」揀選合適的尺碼，店方會透過 AI（人工智能）向顧客介紹產品及議價。

新零售的中間環節，會透過 Marketing 吸引顧客光顧。當顧客選中貨品後，無須排隊，系統已自動紀錄交易，並配合高效率的物流，那條心水褲子，下午便送到家中了。

場景講究的是 look and feel，網上購物難以模倣的正是"feel"，新零售正好補足這一點。在未來世界，可能許多商舖也變為展銷廳和體驗館，以吸引新顧客。由於存貨、人手的需求下降，商舖的營運成本也大幅下降；但體驗空間及資訊科技投資卻會提升。

科技永不能取代的是：筆者與女兒一起逛街、試衫、邊走邊聊天的親切感受。新零售始終要顧及消費者此種需要，只是體驗的方式有所不同而已。我相信實體店舖永不會被完會取代，因為你我都是常人，離不開 touch and feel ！

經濟理論 101 告訴我：一項商品永遠有需求，但沒有新供應，就等於有投資的機會了。樓上舖、商場舖或有新供應，但地舖沒有新供應之餘，還會因舊樓重建／拆卸而減少。聽完筆者的分析，你覺得街舖買得過嗎？

前面：場景、貨品
中間：**Marketing**、物流
後面：大數據、技術支援

何謂「新零售」?
● 線上平台 + 線下平台 + 物流結合

廿年後舖市預測
馬雲教我「新零售」的
啟示視像版

未來網購反搶街舖

據 2018 年 3 月 7 日公佈的福布斯富豪榜，亞瑪遜公司創辦人貝索斯（Jeff Bezos）首次成為全球首富；而阿里爸爸的創辦人馬雲，身家亦首次超越李嘉誠。這證明在未來世界電子商貿力量無法抵擋。那麼，對在香港購買商舖，又有甚麼啟示呢？

乾貨舖與濕貨舖的分別

商舖可大致分為四類型：乾貨舖、濕貨舖、形象舖、「垃雜」舖。乾貨舖與濕貨舖的最大分別，在於有沒有「來去水」設施。許多行業，如鮮魚店、蔬菜店、茶餐廳、髮廊、按摩店、老人院，都必須備有「來去水」設施，否則無法經營。而這些生意一般為服務行業，是互聯網與電子商貿難以取代的。很簡單，科技再進步，恐怕你我亦不能在網上吃飯或剪髮吧？

因此時至今日，附帶「來去水」設施的濕貨舖，市價與乾貨舖可以相差甚遠。

形象舖與垃雜舖的分別

形象舖與「垃雜」舖的分別在於：有些商舖，其營運目的，是用於建立公司形象。顧客惠顧該店，是因為信賴其「品牌」，故此即使要網上購物，也會事前親身到店裡，看一看、摸一摸，接觸一下產品，感受一下服務，之後才到該品牌的網店去購買。這種形象舖的代表有Nike、莎莎等，他們很捨得花錢開設實體商店，更要把門市裝潢得體，無非為了建立品牌形象。

舖頭沒有「來去水」打七折

因此，如果舖頭能用於經營「濕貨」等服務行業，又或者舖頭所在地段比較適合用來建立公司形象，此類商舖，筆者會優先考慮投資。若舖頭缺乏「來去水」設施，估價上我會打七折。

此外，位處一些主要經營「垃雜貨」生意的地段，不利於租戶用來建立品牌形象的舖位，筆者基本上也會避免投資。除非舖價異常吸引，那就另作別論。

無論如何，由於街舖缺乏新供應，買少見少，上述四類型商舖，哪類值得購入，都值得大家思考。

未來網購反搶街舖視像版

R-Rental

租
值

人流與位置

考考大家，買舖比起租舖，更應關注的是？

A. 人流

B. 前景

C. 位置

解答此問題前，且容筆者逐一為你分析。

人流

　　無論買舖或租舖，都要看人流。人流分兩種，一種是路過的人流，另一種是聚集的人流。

車流是賣廣告，人流是做生意

　　「路過的人流」是指路人要到某地方而經過你的商舖，即使有人留意到，卻容易「旺丁不旺財」，租舖宜小心。但商舖若位於旺區大街如彌敦道、軒尼詩道，由於門面廣告效應大，也能夠給予顧客信心，所以此類舖客幾乎永不乏租客，即使貴租難揾，也「一雞死一雞鳴」總有人承接租用。這類舖頭買是買得過的，租舖則要計算清楚是否值得為了廣告效應而付出高昂租金。

　　「聚集的人流」是指人們專程前來消費，如旺角登打士街、女人街一帶，或荃灣路德圍等，顧客在附近逗留得久了，很自然便會光顧。租舖來說，這類舖位最值得考慮，買舖就宜考慮其門面注目度及廣告效應價值高低了。

位置

　　無論買舖或租舖都必須留意位置。最佳位置當然是「大單邊」，取其兩面開揚，四方八面的路人都看到你的舖頭，最好還要座向東南，避開西斜。如果不是「大單邊」，僅一面向街對着行人路，行人路便需夠闊沒有欄杆，並就近巴士站、的士站、燈口位等（但不要對過正着），最好前面可以停車不可泊車，顧客駕車前來購物後立即車離去，不會擋着門面……這種商舖，確是非常理想的買／租對象。

　　最忌的是舖前有雙黃線，或泊滿電單車，甚至門前有欄杆擋着做生意，均要慎加挑選。如果座向西斜，更要小心連「水份」（利潤）也給「曬乾」了！

前景

　　至於「前景」一項，買舖與租舖卻大為不同。租舖看的是今天，買舖看的是將來。買舖要留意的將來前景可分三種：

（1）人口增長

（2）附近住宅（最好商廈）重建

（3）基建帶動。

　　租舖的話，如果目標舖位附近即將重建，工程導至沙塵滾滾，當然不利於做生意，蝕本就有你的份。工程完結後，業主見人流改善，說不定大幅加租，結果又是租戶吃虧。

　　但買舖不同。商舖的舖價可能因工程進行而下跌約百分之十，持貨者最多捱上幾年，但當「大動脈」打通之後，舖價上升卻肯定不止百分之十。

　　返回本章的問題，買舖比起租舖，更應關注的是甚麼呢？當然是（B. 前景）了。

人流與位置視像版

買舖 vs 做生意選址策略

新城財經台《新城地產街》主持林潔瑩曾問
我一個問題：Edwin，做生意與買舖，選
址策略是否一樣？

筆者的答案是：十分不同！

　　做生意的目的，是賺錢。如果你是初次創業，只能選一門生意去
做，應該選一些民生地段，取其租金較平，競爭較小，讓你可站穩陣
腳。倘若生意有成，來日多開十間八間分店，再考慮進駐核心地段，
才具生存的競爭力。

　　所以你不妨留意一下，民生地段的小生意，往往一做便十多廿年，
甚為平常。反而核心地段的商戶不斷轉變，皆因競爭太大。

　　買舖是另一種思維。假如你有一筆錢，那這筆錢只能購入一間舖，
那應該盡可能買入「靚地段」。在核心地段營商，通常是為了三大原
因：一、賺錢；二、賣廣告；三、滿足感。

　　舉一例子，在蘭桂坊開一家酒吧、餐聽、花店，這家店即使賺不
了什麼錢，也可以宣傳公司品牌；即使宣傳效益不是真的那麼大，店
主也大可向他人標榜炫耀，提升個人地位。這種滿足感是無價的。

當然，誰不知「阿媽是女人」，這些核心地段的商舖，等閒也要幾千萬甚至數億元，不是人人也買得起。所以盛滙商舖基金的設立，便是提供渠道，讓投資者擠身購買這些「靚地段」商舖的行列。

這些位置買舖是買得過，但租舖則要計算廣告效應的重要性

●有些舖，買是可以的，租則要考慮其廣告效應。

買舖 vs 做生意的選址
策略視像版

舖位面對燈口的價值分析

買舖選舖，不妨挑選門口對著燈口位置的。行人等候過馬路時，起碼有一兩分鐘，百無聊賴，便有機會打量你的商舖。除了產生廣告效應，那一分鐘裡，他也可能生起走進店裡購物的念頭。由於有利租客營商，這類舖租值一般較高，因而較鄰近同面積的舖位，市價大約高出一至兩成。

當然，分析一間舖位的租值，不能單看燈位，我們接下來還要全面審視一間舖的要素。例如，舖位門前可以停車、不可以泊車，既不怕有人泊車遮擋門面，又方便車主前來惠顧，購物後便駕車離開。如果後門乾淨寬敞，可作多種用途，這種舖位一定能夠得租客們的青睞，租值自然高。

●門口對著燈口是利是弊？

舖位面對燈口的價值分析視像版

舖前有欄杆對租值的影響

一般來說，舖前有欄杆會拖低舖位的租值。
舉一例子，位處灣仔道的一列商舖，門
前一列長長的欄杆，對面街道的人若想
前來惠顧，必須繞一大圈，非常不便，
商戶生意難做，通常經營不久便結業，
租戶轉手頻繁，租值自然大幅下降。

　　如果門前的行人路過於狹窄，行人只能經過不能停下，欄杆的壞
影響便更明顯，低租值對舖價的影響，隨時較對面馬路低四成至一半。

●欄杆的中間位置，生意起碼下跌三成。

　　不過凡事有例外，如果生意性質是顧客專程到訪的，如髮廊、補習社、洗衣店等，問題尚且不大；但若然經營的是零售或飲食業，此類生意某程度需依靠途人路過而進入消費，就必須十分注意，尤其是舖頭位處一列欄杆的中間位置，生意起碼下跌三成。較好的選擇則是繞過欄杆兩端的舖位，對租值所造成的影響則較小。

舖前有欄杆對租值的影
響視像版

單向車流左面舖位較高租值

假如你從天橋上下望皇后大道中，考考大家，馬路兩旁的商舖，左邊較值錢，抑或右邊呢？

如果所有其他因素不變，以單向車流計，當然是左邊的商舖租值較高。原因很簡單，所有交通工具，的士也好、巴士也好、私家車也好，皆是左邊落客，這意味著乘客必須在車流左邊的道路處等候上車或下車，候車期間於附

●單向車流左面舖位較高租值

近瀏覽或消費購物，是很自然的事情。

換言之，車流左邊的商舖，生意額與廣告效應均較右邊的來得更高，租值約高兩成左右。

單向車流左面舖位較高
租視像版

西斜舖位較低租值

太陽從東面升起,西面落下,同一條街道,兩旁的商舖受不同時段的日照,哪一邊較值錢?答案是:西斜舖較不值錢。

　　早上日光和暖,人們多數不大介意受一點陽照耀;到了中午至下午,人們開始購物消費,商舖正面若受猛烈陽光照射,生意少不免受影響,尤以東方女性而言,多不喜歡受曝晒,很自然便會走到不受西斜、較為陰涼那一面的商舖。

　　西斜舖位面對多種不利條件,包括招聘較難(員工怕曬寧可「東家唔打打西家」)、電費較貴(冷氣費)、製冷器材折損大、食材易變壞、租戶流失快等,租客不穩定,租值往往較一般舖位低兩成左右。

　　如果店主因西斜而加建帳篷,阻礙景觀,也令舖價大打折扣。因此,買舖必須留意太陽的位置。

●買舖避免西斜

相鄰公共設施對商舖租值的影響

舖頭位於馬會投注站旁

商舖倘位於馬會投注站旁邊，有人或認為是好事，因為人流旺盛。筆者卻認為這並非絕對。

過去筆者經營的公司曾買賣逾千宗小生意，不時向東主查詢：在投注站旁邊營商，生意如何？老闆們無不表示：在馬會隔籬才差！顧客一坐下，隨便點杯飲品，一坐便一、兩小時，令翻桌率大降，妨礙營商。而且馬會附近較品流複雜，不少人在門口吸煙、聽收音機，每會令高端客戶卻步，意味此處難以經營高檔生意，租值自然偏低。更甚者，業主「自以為」商舖在投注站附近特別值錢，租金叫價高，令租客百上加斤，最後結業收場，變成業主租客「雙輸」。

小巴站頭外舖

買舖切忌舖頭門口對着小巴站。小巴泊車時間長,排出大量廢氣,更遮擋商舖門面,影響廣告效應。反之對面馬路,由於行人為避開小巴站而選擇經過那條街道,無形中增加了人流。所以僅一馬路之隔,毗鄰小巴站的租值往往低一至兩成。

與廟宇相鄰

俗語說「廟前貧、廟後富,廟左廟右出寡婦」,如果所買的商舖位於廟宇的門前或兩旁,便需要特別小心。基於傳統觀念及風俗所影響,一般來說,買家都盡量避免買入廟旁的舖位,租客也避之則吉。

價錢約低一至三成

●公廁及垃圾房旁舖位舖價約低一至三成。

鄰近公廁及垃圾房

買舖切忌舖頭對着公廁或垃圾房。做生意必定以客為先，除非超低租金，否則大多租客都不願租用在公廁及垃圾房旁的舖位，以免嗅味影響顧客。作為買家，我自己也甚為避忌。由於低租值的影響，這類舖較同區同大小的舖位，舖價至少低 10-30%。

以大坑一間放盤幾千萬的舖位為例，不幸地與垃圾房和公廁為鄰，還幸其門口開在施弼街，未算「對正」，舖價只低市值約 10%；如果此舖門口開在布朗街，對正垃圾房和公廁，恐怕舖價要低約 30%了。

如果你洞悉先機知道垃圾站會搬走，預早買入附近商舖，當然可藉此獲利了。

相鄰公共設施對商舖租
值的影響視像版

十大行業商舖的租務光譜級別

買舖要買得 PRO，你需要明白各類型租客
的承載能力、呎價均大有不同。
這裡先舉些例子作引子：銅鑼灣波斯富
街 77 至 83 號波斯富街地下 N 舖，實
用面積僅得 26 呎，現正經營一間找換
店。在 2014 年舖市最高峰的時候，該舖以 1
億 7300 萬成交易手，實用呎價高達 137 萬，至今仍保持是全港
買賣成交呎價舖王第一位。

　　租值舖王方面，同樣位於銅鑼灣，那就是景隆街與駱克道交界的
舖位，實用面積僅得 30 呎，同樣是經營找換店，於 2017 年 5 月續租，
租金為 138,000 元，即使相比 2014 年最高峰時的 26 萬月租跌了近
半，呎租仍需 4600 元，至今仍是香港首位的呎租舖王。

　　以上兩間舖由於面積甚小，呎價顯得特別貴。根據戴德梁行調查，
2017 年全球十大舖租最昂貴的街道，紐約第五大道上段排名第一，
以實用面積計，每月平均呎租為港幣 1,950 元；香港銅鑼灣曾經冠絕
全球，現在仍排名第二，每月平均呎租為港幣 1,771 元。

　　各行各業的租金承受能力，正常來說，最貴的每呎每月幾千
元，最便宜的每呎每月幾十元也有，筆者稱之為租務光譜（Rental
Spectrum）。這光譜大致分為十級：

第一級：佔地不多又細間的找換店，承租能力最高，正如上述兩個例子般，以實用面積計，每月呎租足足幾千元也承受得了。

即係Sogo後面，實用面積得嗰30呎，喺2017年5月續租咗十三萬八千蚊。

●找換店承租能力最高

以正常大小的一間舖，鐘錶珠寶可算同級，同樣可承受每月呎價兩、三千元，即是實用一千呎的舖，月租可高達 100-300 萬。

第二級：國際一線名牌如 LV、Channel、Prada 等可以承受每月呎租 500-1500 元左右。

第三級：次一級的知名品牌零售，如衫褲鞋襪精品、藥房、化妝品店等，可承受每月平均呎租港幣 300-1000 元。

第四級：小食外賣店，可承受每月平均呎租港幣 150-500 元。

第五級：一條街道裡集中某行業的地段，筆者稱為「行業街」，如集中建材、花墟、電話零件、街市等，這類地段的商舖承租能力亦不俗，大約為每月平均呎租港幣 100-300 元。

(1) 找換店/鐘錶珠寶：每月每呎實用$1000->$3000
(2) 國際一線名牌：$500-1500
(3) 次級品牌零售(藥房/化妝品)：$300-$1000
(4) 小食外賣店：$150-$500
(5) 行業街(建材/花墟/電話零件/街市)：$100-$300
(5) 行業街嘅建材段、花墟、電話零件、街市等，承租能力都好高。大約100至300蚊呎。

(6) 其他較高端嘅服務性行業，例如銀行、財務、醫務所、髮廊、醫學美容等，約80至250蚊呎。

第六級：較高端的服務性行業，例如銀行、財務、醫務所、髮廊、醫學美容等，約可承受每月平均呎租港幣 80-250 元。

第七級：設堂座的食肆，由於空間需求大，通常面積不會細，平均月租呎價港幣 50-200 元已算叫價相當「盡」。

第八級：「垃雜」的零售類別，如低檔成衣等，約可承受每月平均呎租港幣 40-120 元。

(6) 高端服務性行業
(銀行/財務/醫務所/髮廊/醫學美容)：$80-$250
(7) 設座位的食肆：$50-$200
(8) 垃雜零售：$40-$120
(8) 垃雜零售，大約40至120蚊呎

第九級：其他服務性行業，如補習社、美容院、腳底按摩、洗衣店、老人院等，約可承受每月平均呎租港幣 30-80 元。

第十級：車房、環保回收等，承租能力約為每月每呎 20-40 元。

再向下數，應該沒有了。就算有，也難稱得上是商舖，當它是貨倉還好。

買舖想賺錢，最緊要找對租客，按著這個「租務光譜」一級一級地移上去。好比你買了間車房，如有辦法改變用途，申請到食肆牌照，找到餐廳租客；之後有品牌零售商租用，再發展至珠寶鐘錶店進駐⋯⋯如果達此理想，肯定賺錢，當然要恭喜你。反之，租客若由珠寶店起一直降級至車房，業主恐怕要蝕大本了。

筆者公司的首要顧客（Primary Customer）正是一些有意欲買舖，卻又不想麻煩的人（End Buyer）。我日日望著這租務光譜做人，期望可協助大家一級一級慢慢向上晉升。

十大行業商舖的租務光譜級別視像版

商舖出牌最重要因素

商舖已出牌,猶如鑽石獲得 GIA 認證,租值可以提高。兩者不同的是:大部分鑽石均能取得認證,但許多商舖都出不了牌。

那麼,如果一間商舖要出牌,最重要看什麼?

A. 前後門

B. 來去水

C. 屋宇署圖則

A. 前後門 B. 來去水 C. 屋宇署圖則

　　答案不是 A。很多人以為出牌必須有前後門，這是常見的謬誤。如果舖內容納不多於 30 人，便不需要兩個逃生門；即使多於 30 人，只要門面夠闊（約廿呎以上），亦無需設前後門。

　　答案也不是 B。除非開設的是食肆，那麼「風火水電」設備必須齊備，來去水必不可少。但若然經營補習社、按摩店、藥房、找換店等，一般對「來去水」都無特定要求。基本上，只要借到洗手間便可以。

　　答案正是 C。基本上所有生意的牌照也須參考屋宇署圖則及入伙紙。如物業用途是住宅的話，是出不了牌的。當局會依圖則審視僭建物，有便需拆掉；相反若橫樑或主力柱遭拆除，申請牌照者便需重新興建。

　　因此，為自家商舖出牌的第一步，是先登入屋宇署百樓圖網站獲取圖則。

如果你舖內容納不多於30人，不需要兩個逃生門

商舖出牌最重要因素視
像版

十大商舖出牌你要知

商舖出牌對租值影響深遠，當中學問甚多，
多了解一點，對於買賣商舖無往而不利，
下面的「十大商舖出牌」知識，你又知多
少？

第十、經營教育中心是否一定要取得牌照？

究竟開一家教育中心，需要出牌嗎？原來，根據〈教育條例〉，「學校」是指一間院校，其於任何一天向 20 人或以上，或任何時間同時向 8 人或以上提供幼兒、幼稚園、小學、中學或專上教育，或以任何方式提供任何其他教育課程，便需要申請學校牌照。

根據規定，營辦「學校」必須符合各種規定，以活動空間為例：教師須有 1.5 米闊度的教學範圍；學生活動空間亦有所規定，一般教育中心須有不少於 0.9 平方米的人均面積、電腦中心為 1.5 平方米、幼稚園為 1.8 平方米。

但是，若非「常規教育」，而是教授課外活動，如芭蕾舞、藝術、音樂、跆拳道等興趣班，一般均無需領牌。

當然，若是「唱歌學英文」、「跆拳學數學」，可謂踩在灰色地帶，需否出牌難以評估。

第九：藥房和藥行有什麼分別？

無論藥房或藥行，均須向衛生署申請牌照。

香港的藥物可分幾類型：

1）處方藥物：必須有醫生處方授權、藥劑師監督下才可銷售。只有「藥房」才可銷售處方藥物，更須要保存有關銷售紀錄，以及購買者姓名、身份證號碼及住址等資料。

2）第一類型毒藥：只可在註冊藥劑師在場及其監管下於「藥房」銷售。藥房招牌可見一「R」字，代表有註冊藥劑師駐場。

3）第二類型毒藥：可在藥房或藥行購買到。

由於處方藥物及第一類型藥物均須藥劑師駐場，所以藥房營運成本高，牌照也較值錢。

第八：經營老人院需要申請牌照嗎？

經營老人院當然需要申請牌照。你可曾聽過政府甲一／甲二級買位的老人院？

自 1996 年 起，經營老人院必須出牌。1998 年起社會福利署

第8. 老人院，政府甲一/甲二級買位是什麼？

推出安老院買位計劃，甲一／甲二級老人院每收一名長者按月可獲逾一萬元資助（甲一級：市區 $11,685／新界 $11,161），甲一級需提供最少 9.5 平方米、甲二級最少 8 平方米的人均空間。一般老人院也要具最少 6.5 平方米人均空間。

能成為甲一／甲二級買位老人院，可謂消費者的信心保證。

第七：開找換店最難是什麼？

在香港，根據 2012 年 4 月 1 日實施的《打擊洗錢條例》，任何人經營找換店，均需向海關申請「金錢服務經營者」牌照。具體而言，這類型店舖分兩種：(1) 找換 (Money Exchange)；(2) 匯款 (Remittance)。

其實，申請此牌照並不艱難，基本上只需牌費及耗時數月去申請即可。難則難在向銀行申請戶口。銀行除了審查申請者背景 (KYC - Know Your Client)，又要通過 AML (Anti-Money Laundering) 等程序；更甚者，由於經營找換店其實與銀行的角色存在利益衝突，故此申請戶口極為艱難。

第六：麻雀館牌照有幾多個？

本港的麻雀館牌照是有限制的。1956 年起，經營麻雀館須向「警察牌照科」申請牌照，依規定全港只發出 144 個麻雀館牌照。現時則改為向民政事務總署申請牌照，牌照發出總數不變。

本港麻雀館的分佈區域主要位於灣仔、筲箕灣、荃灣、旺角、油麻地等。尖沙咀、中上環、西環等旺區卻一間也沒有，原因便是申請不了牌照。

法例規定，民政事務專員會考慮區內人士對開設麻雀館的反應，評估區內人士會否提出反對。另外，麻雀館不能位於住宅區，也不應接近教育、宗教機構、兒童及青少年機構或設施。所以，東涌、將軍澳、太古城等民居密集的地區根本沒有麻雀館。

第五：經營腳底按摩店是否需要牌照？

根據香港法例，按摩服務，如果只涉及四肢、肩膊以上、膝蓋以下的部位，是不用領取任何牌照的，所以純粹的腳底按摩是不用領牌。

但如果按摩觸及四肢及肩膊以下的位置，即全身按摩，如果按摩師傅是異性，即男技師替女性按摩或女技師替男性按摩，便須向警務署申請「按摩院牌照」。該牌照須得到「城規會」許可，房內間格需設兩張按摩牀，每張牀不少於 2.5 呎的距離，間格採透明玻璃，每張床上安裝最少 25watt 的燈膽，不能調校光暗。如提供沐浴設施，還需要申請「商業浴室牌照」。

以商舖投資的角度看，一間舖位若擁有「按摩院牌照」及「商業浴室牌照」，自然十分值錢。

●按摩院及商業浴室牌照非常值錢

第四：經營寵物店需要牌照嗎？

如店內純粹銷售寵物產品，或提供寵物美容服務等，是無需申請牌照的。若業務涉及售賣寵物（如貓、狗、松鼠、白兔等）或提供寵物住宿的寄養服務，則需向漁農署申請「動物售賣牌照」及「動物寄養所牌照」。

不過，如開設的是水族館售賣魚類，卻無需牌照，除非涉及瀕臨絕種動物。

第三：經營凍肉舖需要牌照嗎？

在香港，售賣新鮮、冰鮮、冷藏的羊、牛、豬、家禽、魚，均需向食物環境衛生署申請「新鮮糧食店」牌照。此牌並不難申請，只需向當局提供圖則、證明沒有僭建物、肉類來源及品種、符合加熱、通風、冷藏設備的要求，便可成功申請。市面上不乏商舖擁有「新鮮糧食店」牌照，故此連牌照出售的舖位，舖價也不會大幅升值。

第二：經營棺材舖需要牌照嗎？

當然需要。有些人以為棺材舖需申請「殯儀牌照」，其實有所誤解。全香港只得七家持牌殯儀館；棺材舖需申請的是「殮葬商牌照」，全港有逾百家棺材舖，大部分位於紅磡區。

根據規定，新營運的「殮葬商牌照」棺材舖，招牌上不可顯示「殯儀」、「安

第2. 棺材舖牌照又如何？

葬」、「善終服務」、「仙遊服務」等字眼，且須遮蔽店舖，使店外行人看不見店內情況，並獲區內人士不提出反對；但舊有牌照卻不在此限。

試想想，若大廈樓下開了一間棺材店，樓上住宅樓價肯定下跌，業主及居民不反對才怪。因此新的「殯葬商牌照」非常難獲發牌，舊有牌照十分值錢，投資這類商舖，是收租保值的不俗之選。

第一：食肆牌照，大牌／細牌／外賣牌照最大分別是什麼？

大牌，正式名稱為「普通食肆牌照」，所賣食物種類不設限制，廚房佔地須在 80 呎以上。

細牌，正式名稱為「小食食肆牌照」，只可賣食環處的「食肆牌照申請指南」內的指定食物，不能賣飯。廚房佔地起碼要 45 呎。

外賣牌，正式名稱為「食物製造廠牌照」，顧名思義只能外賣，不設堂座。

大牌／細牌，須設兩個洗手間；外賣牌只需一個洗手間，如果業務只涉食物加熱，則不需要洗手間。

2017年3月15日(星期三) 佐敦西貢街
第1. 食肆牌照，大牌/細牌/外賣牌最大分別在那裏？

一間商舖若能夠出牌會有更多商機，而商機就是一間商舖租值的體現。希望上述「十大商舖出牌」知識，能令你對商舖牌照有更深的認知。

十大商舖出牌你要知視像版

戶外座位食肆牌

對食肆舖位而言，擁有「食肆設置露天茶座」牌照（Outdoor Seating Accommodation）的話，便可合法地在門外擺放桌椅，增加營業能力，租值一定高人一等。然而，領取此牌照需要符合甚麼條件呢？

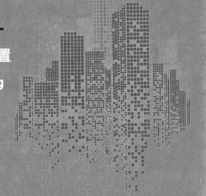

　　此牌照特點是無論所處是私人土地或政府用地均可申請，只需合符法定要求，包括：街道不能人流太多，空間大小須在放桌椅後能夠每 1.5 平方米坐一個人，還剩下 2 米的空間供行人走過。牌照又要求所擺放桌椅，不可距離消防龍頭或地制 1.5 米以內，不可阻塞走火通道，以及不能露天明火煮食。此外，露天茶座規定營業時間只能至晚上 11 時，以免滋擾鄰近居民休息。

　　此牌照申請者甚多，但成功者極少。香港有近 3 萬間食肆，只有 200 多間擁有由地政總署發出的「食肆設置露天茶座」牌，可謂百中無一。據統計，該牌照每年有近百宗申請，成功申請者僅得約十宗。為何如此困難？皆因申請者要過很多關，包括：地政署、消防處、運輸署、屋宇署、民政事務署、環境保護署⋯⋯其中最難過一關是「公眾諮詢」，試問你是樓上居民，怎會願意樓下開設露天食肆，弄得環境嘈吵污穢？反對是人之常情。不過，若樓上是商業大廈，沒有居民，

環境又合符法例要求，申請成功率則較高。

實際個案分析：

　　位於深水埗東京街 56 至 58 號 AB 舖（經營者為濠軒餐廳），於 2016 年 11 月以 1500 萬成交，回報 3.34%。該舖租金 41,800 元，租約至 2018 年 10 月 31 日，租值約 4 厘。如果以 10 分為滿分，筆者僅打 5 分，原因何在？

　　舖位門面 15 呎 X 30 呎，以 685 呎計算，餐廳內僅得 20 個座位，按食肆「4-3-2-1」定律：4 成食材、3 成工資、2 成租金、1 成利潤來分析：

$41800 / 0.2 = $209,000

$209,000 / 30 = $6,966 / 日

$6,966 / 20(桌子)/ $40（人均消費)= 8.7 轉（翻桌率）

可見，單憑 20 個座位，承租能力有限，故只能給 5 分。

　　其實，該餐廳以往會在門前行人路擺放桌椅，藉以提高營業額。但自 2016 年 9 月 24 日起食環署嚴格執法，加強發出告票以掃蕩阻街，受票控者定額罰款為 1500 元。另外，食肆最怕扣分制度，如 12 個月內扣滿 15 分，需要停牌 7 日，再犯停牌 14 日；12 個月內再犯，更會吊銷牌照，令不少食肆從此不敢放桌椅出門外。

　　上述舖位位處東京街／懷惠道交界，毗鄰李鄭屋邨，看圖則為「四正」的大單邊，店前有闊大空間，正適合申請「食肆設置露天茶座」牌。若取得此牌，商舖將非常值錢，租值也大幅增加。以其面積及 4 萬多元租金計算，意味租戶每年每平方米費用僅為 2.5 至 10 元，實在非常便宜。

　　可惜的是，該舖並未取得有關牌照，承租能力便大受局限了。

戶外座位食肆牌視像版

出牌冷知識

前文提過，各類型照影響着商舖的租值。
而本文將分享一點與出牌相關的知識及
需注意的條例：

推門 vs. 趟門

　　根據消防條例，商舖如採用推拉式大門，門前必須預留兩呎的空
間，以免開門時阻礙行人路。另外，門必須從舖內向外推，因為萬一
火警逃生，人的本能是向外推。

　　如不想浪費兩呎位置，可考慮採用橫向的「趟門」，但多數不為
租戶採納，因為顧客容易撞到趟門，維修費用也高得多。

舖外招牌要離地幾高？

　　所有行人路上的招牌，必須距離地面 3.5 米，否則遇火警意外，
消防員抱傷者離開，便有碰到招牌的風險。

入則閣樓 vs. 自建閣樓

　　須留意閣樓屬於「入則閣樓」還是「自建閣樓」。以下用實例解釋：

　　位於元朗擊壤路 7 號一個地舖連閣樓，閣樓現為一間髮廊，樓下則是找換店。2017 年 7 月以 4269 萬成交易手，回報約 2.6 厘。

　　如果商舖的閣樓是入則閣樓，即使分契出售也沒問題；相反若是自建閣樓，樓下如分契出售，便難以改變用途，例如不能把找換店改為小食店。有關部門一看圖則，原來樓上是自建閣樓，樓下便不會批出牌照。因此，「入則閣樓」與「自建閣樓」的商舖，價值相差甚遠。

●招牌必須距離地面 3.5 米

老人院樓下的出牌限制

若樓上是老人院，樓下商舖出牌會有甚麼
限制呢？
一般來說，樓上若是老人院或幼稚園，
樓下往往只是醫務所、美容院、髮廊、
零售店等，基本上甚少食肆。

舊式大廈不設自動灑水設備，一旦火災，樓上便十分危險，因此樓上若是老人院，樓下是極難申請食肆牌照的。除非是新式大廈設有消防自動灑水系統，即使樓下失火，波及樓上的機會率較低，出牌才相對容易。

換言之，舊樓商舖，樓上是老人院，牌照難出，該舖自然不那麼值租。

[果樓下全是食肆，火警樓上就麻煩了

●樓上若是老人院，樓下是極難申請食肆牌照的。

實例分析：

　　筲箕灣聖十字徑 41-45 號長興大廈地下 45 號地舖，上手於 1974 年以 146,000 元買入，2016 年 11 月以 1602 萬成交易手。舖位門面為 14 x 30 呎，租金為 34000 元，2.5 厘回報。

　　大廈二樓有天橋通往耀東邨，轉右一個街口就是西灣河街市，平時人來人往。雖然樓上是老人院，租值也不應這麼低，似是業主無心加租而已。

　　這間商舖，筆者願給 9 分（10 分滿分），為什麼呢？

　　一間商舖若能出牌做食肆，其實擁有升值潛力。上文提及，樓上是老人院，除非大廈設自動灑水系統，否則難以申請食肆牌照。那麼如何得知大廈有沒有自動灑水系統？最佳辦法是到後巷視察，若見到紅色消防喉，地面又見到標誌 FH（Fire Hydrant）渠口，代表這大廈接駁了消防喉，理論上設有自動灑水系統。而長興大廈後巷，正好見到這兩樣設施。

　　依筆者經驗，再詢問出牌顧問，這間舖理應能出牌（食肆牌），升值潛力頗大。

　　加上該舖鄰近一家「恆生醫務所」，現租 45000 元；以該舖更闊的門面而言，租金沒理由只值 34000 元，租值應可達 6-7 萬元。

老人院樓下的出牌限制
視像版

酒吧和食肆的分別

申請酒牌與食肆牌照很不同：食肆的牌照只與地址掛勾，即使換了業主，牌照仍可保留；酒牌既與地址掛勾（「跟地方」），亦與持牌人有關（「跟人」）。

所謂「跟地方」，即是居民有權依政府租契、入伙紙、大廈公契等規定去反對酒牌的申請，若理據充份，酒牌局隨時不發牌。

所謂「跟人」，指持牌人需具備兩年以上的酒吧持牌經驗，或五年以上酒吧工作經驗，以及擁有良好紀錄。有刑事案底的人，一般不獲發酒牌。

食肆牌照對持牌人則沒有相關規定，任何人也可申請。

營運上，食肆持牌人無需親自經營。酒牌方面，根據酒牌管理局規定，酒牌持牌人必須親自管理，在繁忙時段親自監督賣酒的過程：不可賣酒給已醉酒人士、酒吧內不可以跳舞（酒吧內跳舞要額外申請）、不可舉行博彩遊戲、不可給予娼妓或盜匪逗留。

●酒牌中附帶的標準持牌條件

　　一般來說，樓上酒吧更難出牌，因為一旦火災，顧客醉熏熏肯定難以逃生；另外，醉酒人士的嘔吐物亦會弄得走火樓梯十分濕滑，增加了安全隱患。

實例分析

　　位於元朗安寧路 100 號 A 舖，現經營一間酒吧，業主以 910 萬買入，於 2016 年 11 月以 4000 萬成交易手。

　　該舖建築面積 1100 呎，實際門面 16 x45 呎，相當於 720 呎實用面積，即 \$55,555 一呎。商舖月租 \$68,000，租約至 2017 年 8 月 30 日，回報為 2.04 厘。如果要打分，筆者大概給 4 分（10 分滿分），有四大理由：

一、 商舖位處欄杆中間位，且單獨經營酒吧，附近沒有其他酒吧存在，難以吸引人流消費。

二、 整棟大廈缺乏重建潛力。

三、 商舖近水邊圍村，消費力較弱。若是靠近大坑渠另一邊的元朗三大路：安寧路、大馬路、教育路，由於近市中心消費力較強，理論上呎價高一截。

四、 長實世宙出售了一列商舖，其位置較佳，呎價更便宜，比較起來較本舖吸引得多

當然，百貨應百客，這只是筆者的一己之見及簡略分析，給讀者略作參考。

酒吧和食肆的分別視像版

Flagship 旗艦店
與一般商店的分別

影響租值的因素甚多，廣告效應是其中一種。

你可知道，Flagship Store（旗艦店）與一般商店，租金佔收入比率有何分別？

早前筆者與零售專家、曾服務許多國際大品牌的 Thomas Shilvock 談及此話題，他指出，倘若商舖所經營的是 Flagship

Flagship Store 旗艦店

● Flagship Store（旗艦店）重視廣告效應

Store，「賣廣告」是營運重點的話，租金佔收入比例往往高達三成至三成半，基本上無錢可賺。唯當一個品牌開設旗艦店後，位於其他區域的分店，便會受惠於廣告效應而有利可圖，那些分店的租金佔收入比例約一成至一成半。

　　所以商舖租賃，必須知道租戶用以經營旗艦店還是一般商店。如果是旗艦店的話，租客的承租能力可以非常高；但一般商店的話，租金佔收入頂多 15% 而已。

Flagship 旗艦店與一般
商店的分別視像版

影響廣告效應的環境因素

商舖做生意兩大原因：一是賺取利潤、二是借舖頭門面賣廣告。
如果你想買入一間具廣告效應的商舖，應考慮什麼因素？以下用一個實例為大家分析：

　　2017 年 8 月，筆者的公司以港幣 846 萬買入紅磡馬頭圍道 80 號嘉朗豪庭地下 2 號舖，該舖現經營找換店業務。商舖位於紅磡廣場及商業中心對面，近青州街交界，表面看來，人流不算十分旺盛。

　　買入該舖的主要原因，其實是其門面夠闊：約 24 呎闊 x 約 20 呎高，即擁有共 480 呎招牌空間。

　　其次，商舖所在位置是典型的「陰陽街」。所謂「陽街」，指馬路旁其中一邊的街道人流較多，而另一邊的「陰街」則人流較少。然而，「陽街」的人流會望向對面的「陰街」；而「陰街」的人流則會望向對面的「陽街」。該舖雖位處「陰街」，人流相對較少，但舖面對向人來人往的「陽街」，卻可借門面招牌帶來廣告效應。

　　此外，門面闊，也得留意太陽的位置。該舖下午時段不受日曬，代表它並非「西斜舖」；反之對面馬路的商舖受西斜影響，無論做生意和招聘也困難一些。

影響廣告效應的環境因素視像版

十大廣告開支

考考大家：在一輛巴士車身賣廣告，所需廣告費，可以在多少輛小巴或的士上賣廣告？

你又可知，一頁報紙廣告，等於幾多 Facebook 讚好（Like）或 Google 展示廣告網絡的點擊數（Display Network Ads click）？

　　商店打開門做生意，沒可能天天守株待兔。要增進業績，少不得主動出擊，加強宣傳推廣，顧客認識了品牌及產品，才能生意滔滔。

　　當然，宣傳推廣少不免有所支出。小商戶與大品牌所用的宣傳渠道不盡相同，筆者在這方面做了一點資料搜集，為小商戶整埋出十大廣告費開支，大家不妨加以比較，令支出花得其所。

第十：巴士車身廣告

　　巴士廣告分許多種類，基本有以下形式：

1. T 字
2. 一字（Panel Ad）
3. 車尾
4. 田字

Note: 如果是單架巴士，價錢貴2至3倍，大包圍貴15倍，約每月四至六萬元

5. 全車身（大包圍）

6. 車頭（路線牌兩邊）

7. 車廂座位（椅背）

如果是簡單的一字型廣告（Panel Ad），每月廣告費約 3000-5000 元（每架巴士計；若只於單架巴士賣廣告，價錢貴兩至三倍）。若是全車身的大包圍或廣告，則貴 15 倍，約每月 4 萬至 6 萬元（每架）。當然，這僅是基本行情，實際還視乎所選的巴士路線、數量和日期：港島區、聖誕檔期賣廣告，自然較貴，而一次過於多架巴士賣廣告，平均開支就可降低。

第九：小巴車身廣告

小巴有兩種：紅頂小巴及綠頂小巴，當中以綠頂小巴行走指定路線，較能針對目標客群，所以廣告費較貴。

小巴車身廣告，製作包料連設計：紅頂小巴每部收費約 12,000 元（6 個月），綠色小巴每部收費約 20,000 元（6 個月），包下的小巴越多，折扣越大。

需留意的是，小巴車身廣告，大多為桑拿浴室、麻雀館等，百貨應百客，是否適合你的品牌定位，便要多加考量了。

每六個月：
紅色：每部約一萬二千元
綠色：每部約二萬元

第八：的士車身廣告？

的士車身小，廣告效應相對小，廣告費也相對便宜。

的士廣告，兩邊車身連工包料及設計，每部車只需 700 元左右（三個月），但最

第8：的士賣廣告幾錢？

的士車身細、廣告效應細、價錢也相對細

低消費一次需包下 20 部的士。巴士一架車約每月 50,000 元，小巴約每月每輛 2000 元，的士約每月每輛 250 元，換言之：

1 巴士 = 25 小巴 = 200 的士

這幾種交通工具所需廣告費，可謂差天共地。

第七：港鐵站廣告

港鐵廣告有好多種，最常見的是燈箱廣告，每幀每周收費約千多元，最貴的可至 6000 多元。最便宜的站頭，要數石硤尾站、筲箕灣站、柴灣站；收費最貴的站頭，自然是銅鑼灣站、尖沙咀站、中環站。如欲一字排開並列展示，或在旺季展示，則 收 15% 至 30%

並列展示或旺季有15至30%附加費

的附加費。

　　港鐵燈箱廣告逢周六更換，每次最少租用四星期。

第六：報紙／雜誌廣告

　　傳統紙媒如報紙、雜誌，廣告費又如何？正如大家所知，近年傳統紙媒廣告大跌，費用已相應下調。一般來說，紙媒設有一表面價格，但往往並非真實收費。以下資訊僅供大家參考：

　　一般周刊，例如《東周刊》，內頁全版廣告約 15,000 元至 20,000 元。

　　報紙方面，收費各有所差，而共通點是表面價格都索價甚高，實際收費約為「面價」的半價至三折不等，較貴全版廣告費用動輒數萬元，較廉宜四分一版則約萬多元。

第五：戶外廣告板

　　戶外廣告板，收費一般冠絕其他廣告渠道。以旺角銀行中心的戶外廣告板為例，每月每塊誠惠 36 萬，還要收取一次性製作費約 35,000 元至 45,000 元。當然，上述同為「面價」，有時他們提出特別折扣，譬如在 2017 年 4 月便由 36 萬減至 16 萬，更包含製作服務。同理，所租用廣告板夠多、展示時間夠長，便可享有折扣。

第四：派傳單 / 洗樓

如果不想動輒花數十萬在宣傳費上，也可考慮最傳統的推廣渠道－派傳單。

派傳單一般每小時收 60 元，每次最少 4 小時，每次購買最少 12 小時的服務，即每次派傳單的最低消費為 720 元。

若採取「洗樓式」推廣，以北角城市花園 2400 戶單位為例，把傳單全數派送到住戶的郵箱，費用約為 1 萬多元，工料方面，A4 大小的傳單連設計約每張 6 至 7 元。

第三：手機應用程式廣告

上述皆是舊經濟媒體。時至今日，豈能不提及新經濟媒體的廣告？

如今人們縱然不讀報紙，也有機會從手機瀏覽由報刊傳媒推出的手機 Apps。報刊手機 Apps 的廣告價目表十分複雜，不同廣告形式收費也各有不同，以下略作參考：

李根興博士 Edwin
盛滙商舖基金 Bridgeway 創辦人

橫額：約 960 元（展示 1000 次）

展開式橫額：每日 57000 元（展示 5-6 萬次）

大橫額：1170 元（展示 1000 次）

超級大方塊：每日 76000 元（展示 5-6 萬次）

圖像文字連結：15 萬元（每日展示 5-6 萬次，為期一周）

內文大方塊：每日 49,000 元（展示 5-6 萬次）

下載頁面：31 萬元（每日展示 5-6 萬次，為期一周）

在 Apps 賣廣告，展示率難以核證，許多人均對效果成疑，信心不足。姑勿論如何，這始終是新興的賣廣告模式，值得拭目以待。

第二：網上宣傳短片

這種廣告十分依賴影片質素；網絡上影片太多，平平無奇的甚難吸引人點擊收看。以 YouTube 為例，筆者曾上載一則影片，收看人次（View，收看 30 秒以上才獲計算一次）為 1350 人，所花廣告費僅為 226 元。該片段的觀看率（view rate）為 13.13%，每次觀看成本（Avg CPV）只需 0.17 元。再看另一個宣傳活動（campaign），該項目總共花費了 19,000 元，其中有 135 萬曝光次數（即廣告只閃動滑過，並未點擊收看），840 人確實點擊收看影片，每次點擊成本（Avg CPC）為 22 元。所以網上宣傳短片的效力非常視乎影片的吸引力而定。

第一：Facebook 廣告

Facebook 專頁賣廣告，非常依賴內容的吸引度（Content is Everything）。以筆者自己為例，我的「李根興創業之友」及「李根興商舖之友」的粉絲（fans）加起來約 10 萬人，假設我想吸納更多粉絲，可在 Facebook 賣廣告。大致來說，付出 15 美元，可增加 15 個讚好（Like），平均每個 Like 為港幣 8 元。如想讓個別貼文（post）增加曝光率，付出 30 美元，大約可接觸到 3000 至 8000 人，當然

視乎貼文吸引度不同，散播率也有很大差異。以觸及 5000 人計算，平均每花港幣 1 元，可接觸到 20 人。

如聘用 online agency 進行網絡推廣（marketing）活動，收費則昂貴得多。推廣專頁每增加一個 Like 需 22 元（$22/Feed）、推廣個別貼文則收取每點擊 4 元（$4/click）、名單型廣告（Lead Ads）費用為每點擊 12 元（$12/click）、輪播格式廣告（Carousel ads）每點擊 12 元（$12/click）。

計一計數：

1 版報紙廣告 = 2000 次 YouTube 影片點擊觀看 = 5000 個 Facebook Like

對小商戶而言，若問筆者選擇哪個途徑較佳，當然是新媒體更具效力。潛在顧客觀看了影片，印象肯定深刻得多；讚好了專頁，更會一直追隨著你，繼續留意往後資訊。相比之下，對並非大品牌的小商戶，報紙廣告如霧眼雲煙，轉瞬即逝，人客不會留下任何印象。所以現今舊經濟媒體時常靠減價去促銷廣告，而新經濟媒體往往「無價講」。

所以身為數碼港董事的筆者，時常跟人說，現今營商必須線上／線下結合，才能把生意做好。

註：基於時間差異，以上價格到本書出版日可能有所異同。讀者們宜作宣傳策略上的參考，並尋找供應商提供報價。

十大廣告開支視像版

十大商舖收錢方式你要知

作為商戶，你可知哪種信用卡收費最便宜？
各種電子貨幣平台，哪個過數最快？
商戶做生意，最重要當然是「收錢」。收
錢學問多，以下為大家分享十大商舖收
錢方式。

第十：Cash is King!

「現金為王」，收取現金，即時到手，更無需手續費。有些老闆
更認為，收現金難追蹤紀錄，可以逃稅（奉勸一句，日後稅局追查嗱
稅就麻煩了）。

收現金也有弊處，老闆親自坐陣收銀還好，若由員工收銀便要妥
善管理。再說，今時今日商戶很難不提供其他付款模式以方便顧客，
若堅持只收現金，生意額難以提升。

第九：銀行支票

支票交易，好處在於無需手續費，缺點是未能即時過戶，入票後
須等待約 24 小時款項才能到帳。於周一至周五截票前入票，也需在
翌日三時後方能過數；周五入票，要待周一才能過數；周六或日入票，
更要到了周二才過數。再者，每家銀行的截數時間各有不同，一旦支

票抬頭寫錯，就不能入數，種種限制下，令支票成為頗不便利的交易工具。

第八：EPS 易辦事

為什麼經常可見商戶只收取現金或 EPS 易辦事？皆因 EPS 易辦事相對上又便宜又快捷，所以有很多商戶選用。

論快，只需商戶在周一至周五晚上 7 時前截數（清機），便能即晚將款項過帳至指定戶口，只有周六及周日需等待下周一。

收費方面，手續費為交易額的 0.95% 或港幣 360 元（以較高者為準）。

第七：Visa / Master / 銀聯

商戶信用卡的收費，每間銀行各有不同。以恆生銀行為例，信用卡用戶費為港幣 2000 元、年費 1000 元，每單交易手續費為交易額

第七：Visa/Master/銀聯
2017年4月6日(星期四) - 元朗教育路

商戶信用卡的收費間間銀行不同

的 2.65%。對一般商戶來說，顧客於周一至周四使用信用卡，商戶第二天就收到款項；顧客於周五至周日「碌卡」，便要待周一過數。至於採「預繳式消費」的商戶，如美容院、瑜珈中心，則銀行過數期較長，但聞說最近情況稍為好轉。

第六：美國運通

作為「身份象徵」的美國運通 AE 卡（American Express），客戶年費動軌上千元，甚而過萬元，可是很多商戶不甚喜歡收 AE 卡。原來以往美國運通對商戶的收費甚貴，手續費高達 4-5%，但近年為加強競爭力，吸引更多商戶選用，該公司把手續費大幅調整，下降至交易額的 1.9%，且免收月費、年費及首次登記費。可惜，很多商戶依然未接受 AE 卡，皆因 Visa / Master / 銀聯交易後翌日即過數，而 AE 過數需待起碼三個工作天，大大影響商戶周轉之故。

第五：TNG

TNG 是「香港人的錢包」，由筆者朋友 Alex Kwong 創辦。顧客只需在手機下載 TNG 應用程式，商戶只需要 QR Code，不需要任何終端機、首次登記費或月費，手續費為每次交易金額的 1.5%。逢周一至周六交易，翌日可過數；周日應用，則要兩天後才過數。

星期一二三四五六scan，第二天過數

第四：移動支付系統

市面上的移動支付系統方案頗多，如 Tap&Go、Apple Pay、Google Pay 等，基本上皆是採用 NFC（Near Field Communication，近場通訊）的技術，用以取代傳統信用卡付款模式。商戶要起用移動支付系統，只需現有 Visa / Master 機即可，開戶費為港幣 1000 元，商戶手續費是交易金額的 2.65%，Tap&Go / Apple Pay / Google Pay 可共用同一部終端機。逢周一至周四交易，翌日可過數；周五至周日交易，要待周一才過數。

第三：支付寶 Alipay

如果顧客不乏內地自由行旅客，商戶當然要接受支付寶付款。支付寶的商戶開戶費為港幣 2000 元，月費 80 元，手續費為交易金額的 1.3%，當交易金額累積滿 800 元，便會自動轉帳到指定戶口。支付寶及微信支付可共用同一部終端機。

第二：微信支付 WeChat Pay

微信支付與支付寶十分類似，商戶開戶費一樣是港幣 2000 元、月費 80 元，手續費為交易金額的 1.3%。唯一分別是，微信支付的累積金額需達 38,000 元，才轉帳到商戶指定戶口，或待每月的 1 號及

16 號也會過數至指定戶口。所以不少商戶暫不樂於接受微信支付，嫌它過數太慢，影響周轉。

第一：八達通

最後怎能不提到香港市民日「嘟」夜「嘟」的八達通？

八達通的股東是港鐵（地鐵公司持股 57.4%、九廣鐵路持股 22.1%）、九龍巴士（12.4%）、城巴（5%）和新巴（3.1%），市民乘搭絕大部分公共交通工具，幾乎也用得到八達通。商戶如欲安裝八達通終端機，月費為港幣 298 元，每月交易金額達 28000 元可免月費，手續費為每單交易金額的 1.65%。逢周一至周四交易，第二天便可過數；周五至周日交易，則周一過數。香港共有 2800 萬張八達通卡，平均每名港人擁有四張八達通，以每次收 1.65% 計算，八達通實在很有賺頭！

無論經營什麼生意，商戶無非想顧客花錢多、花錢快、花得不經不覺，希望上述十大商戶收錢方式，能讓你做生意收錢更快、更多、更過癮。

註：基於時間差異，以上價格到本書出版日可能有所異同。讀者們宜作收費服務上的參考，並尋找供應商提供報價。

十大商舖收錢方式你要
知視像版

排檔十大知識

講到睇舖,排檔知識不可少。排檔有利亦有弊,好處是吸引人流,壞處則是遮擋了門面。當然,若排檔沒有被擋着門面,既人流暢旺又開揚,舖價起碼高三至六成。

實例分析

先帶大家來到長沙灣發祥街 9-11 號家家發大廈地段。附近居民都知道,這裡對著保安道市政大樓街市,整個長沙灣最旺就是此處。

家父數十年前曾在這裡開設地產代理公司,早前筆者欲買入這裡一間商舖,先帶家父來此視察。他看後馬上說:這裡一流,立即買吧,不要講價了。

為何不討價還價呢?原來聖誕節之後,業主突然將整列排檔放售,短短幾天內全部賣光。

旁邊的發祥街一列地舖:2 號舖以 740 萬售出、3 號賣了 900 萬、4 號舖賣了 980 萬、5 號舖賣了 1400 萬、6 號舖賣了 1150 萬。最後筆者也不「執輸」,最了最便宜的舖位,貪其銀碼較細,易入易出。

這裡的地舖雖被排檔遮擋著,但始終長沙灣是旺段,附近有數千個住宅單位即將落成,算是人流旺又有前景。要評分的話,740 萬的舖位,我會給 11 分(10 分滿分)!

言歸正傳,與大家分享排檔十大知識:

第十：排檔小販歷史

首先要從排檔的歷史說起，香港政府於 1847 年開始對小販實施發牌制度，1935 年通過《公眾衛生及市政條例》正式立法監管，1958 成立專責的小販管理隊。

第九：小販種類

排檔小販種類有多少？主要分為兩類：

一、固定攤位小販牌照，及

二、流動小販牌照。

固定攤位小販牌照又分為以下七類：

1. 擦鞋
2. 熟食
3. 報紙
4. 工匠
5. 理髮
6. 靠牆攤檔
7. 其他類別

流動小販牌照則分為四類：

1. 報紙　　2. 冰凍甜點　　3. 流動車 及　　4. 其他類別

第八：小販數目是越來越多，還是越來越少？

原來，1980 年代末的最高峰期有近 20,000 個持牌小販，但隨着時間過去，2015 年底的最新數字，已減至 5700 個固定攤位及 400 個流動小販牌照，總數約 6100 個持牌人。固定攤位小販牌照分佈在 43 個固定排檔區，其中約 1,100 個實施「朝行晚拆」模式，多

見於女人街或廟街；其餘約 2,600 個是所謂的「屋仔」，分佈於花園街或長沙灣。 經過政府多次推行的「小販自願交還牌照計劃」，小販數目已不斷減少，許多也不再經營或搬走了。

第七：現時小販還有沒有發牌？

原來由1970年代起，一般情況下政府已不再簽發新的小販牌照。只有在 2009 年 7 月至 2012 年 4 月期間一次性簽發了 61 個新的流動冰點甜品牌（ 俗稱雪糕仔）及 218 個新的固定攤位小販牌照。另外，2009 底在中環戲院里發出 8 個擦鞋匠牌照。除此以外，近年政府已沒有再批出小販牌照。

第六：排檔空間有沒有限制？

原來由 1979 年起，大部分排檔的空間，限制為三呎乘四呎。較大一些的，是三呎乘六呎， 或四呎乘六呎。食環署亦知道小販需要維生，所以當營業時可以將貨品擺放出來，唯一不可阻塞走火通道。

●排檔有空間限制

第五：為什麼排檔大部分都是綠色呢？

其實政府並沒有相關規定。只是傳聞第二次大戰後，香港經濟迅速發展但物資短缺，當時僅得紅色、白色、綠色幾種油漆可供選擇。由於紅色刺眼、白色又不吉利，綠色則較好看耐用，久而久之大家都

選用綠色，口耳相傳還以為是政府規定。我們向中環著名的蘭芳園老闆求證，他也是如此說。

第四：排檔需要交租嗎？

當然不用。原來排檔每年只需繳交約千多元牌照費即可。以 2017 年為例，財政司就豁免牌費。即使要交，最便宜的就是流動小販牌照，每

原來每年只需要交約千多元的牌費就可以

年只需 980 元；最貴是熟食固定攤位牌照，每年需要交 26,514 元。如果要交租，市區的市值租金至少幾十萬，而排檔只需交 2,000 元牌費，實在是賺了。

第三：小販牌照可否轉讓？

對外人不可以，對自己人就視乎哪種牌照。如果是流動小販牌照，任何情況下都得轉讓或承繼。但固定小販牌，直系親屬即父母、配偶或子女，就可以申請承繼。不過如果小販牌照是 2010 年 5 月後批出的，就不得承繼或轉讓。

第二：排檔可否僱用助手呢？

答案是可以。助手必須事先向食環署登記，而持牌人必須親自經營，除了用膳、入貨或大病不在場，其他時間必須親身在場。即使是大病，請替工最多只能用 6 個月，超過期限的話，牌照有可能需要交還。

第一：排檔最重要的致命傷是什麼？

這話題比較敏感。報紙傳媒經常報導這「公開的秘密」，就是剛才提及的持牌人必須親身經營，但很多時候經營者都不是持牌人。因為持牌

持牌人需要親身經營

人不用交租，在旺區又賺了不少，賺到錢就不想再經營，加上日曬雨淋真的不好受。有些人想小本創業，由零開始又申請不到新牌照，那應該怎樣辦？市場上便出現專門頂手持牌人牌照來經營的交易。然而，食環署表明這是違法的。如被發現的話，持牌人會被吊銷牌照。

你想想，如果舖頭前面有排檔遮擋，萬一經營者不是持牌人，又被食環署發現，整個檔口隨時消失，那些東主會怎樣做？不過，創業都是辛苦錢，這種日曬雨淋的創業精神，值得我們尊重。

香港排檔只會越來越少，很多舖頭前面明明有排檔擋著，過一陣子排檔已搬走了。但我從未聽過舖位前面本來開揚，突然有排檔搬來擋着門面。

這解釋了為何長沙灣發祥街的 2、3、4、5、6 號舖短短數天就全部賣光。希望以上十大排檔知識，對大家日後買舖租舖有所幫助。

排檔十大知識視像版

O-Options

配套

商舖的五大配套：
風火水電煤

所謂商舖，商機先行，能夠做到生意的
舖就是好商舖。做生意，不能不看商舖
五大配套：「風、火、水、電、煤」，
配套齊備，自然旺丁兼旺財，以下為大家
逐一分析：

　　一、風：這是指商舖的通風設施。根據《公眾衛生及市政條例》，
如果商舖沒有窗戶或通風口，就不能出牌設堂座。

(1) 風

通風可以係天然嘅涼風或者係裝部冷氣機。天然嘅就係指
舖入面無遮擋嘅窗口或通風口的總面積，相等於總樓面面
積嘅起碼十分之一。

通風，可以是天然的涼風，也可以是人工設備，例如冷氣機。所謂天然，指舖內沒被遮擋的窗口或通風口，其總面積須相等於總樓面面積的起碼十分之一。假設商舖面積 500 呎，即需有 50 呎面積的窗口或通風口。法例並無規定商舖必須裝設空氣調節系統，不過若天然風位不足，最好就裝設一部了。

若裝設機動通風系統，法例規定該通風系統須令處所內每個人每小時可獲供應新鮮空氣不得少於 17 立方米。對一個普通成年人來說，每日呼吸空氣為 10 立方米，換言之通風系統須提供較每人所需多 41 倍的空氣才算合規。

如商舖用作經營餐廳、廚房、食物室或洗碗碟工場等，更需設有獨立的排氣及鮮風系統，而所排放氣體不應含有可見的油煙或難聞的氣味，抽風系統亦不能發出太大噪音，以免對附近居民造成滋擾。

二、火：這是指消防防火規定。若想為商舖出牌設立堂座，須向消防處申請《消防證明書》，證明商舖：(1)裝有獨立電池應急照明系統；(2)裡面的桌椅符合防火物料要求，可燃性標準合格；(3)若舖內會使用柴油、火水等易燃物品，或以炭、柴固體燃料來賣食，便須得到消防處的額外批准才可營運，但用電或煤氣就不在此限。

走火逃生方面，相關規定如下：(1)如果商舖位於地庫或樓上，而東主或租客欲申請食肆牌照，就必須有兩條逃生樓梯才符合出牌規定；(2)如堂座欲同時招待超過 30 人，舖頭必須有兩個逃生出口，且兩個出口之間不能相距太近，所以坊間許多食肆均有前後門；(3)走火逃生通道的闊度不可少於 1.05 米，門口亦不能窄於 0.75 米，此外逃生門不能反鎖，以免火警時顧客無路可逃；(4)所有逃生路線的淨

(3) 用電或者用煤氣就無問題。但如果你用柴油、火水等易燃物品，或者用炭、斬柴等固體燃料去煮食呢，就必須得到消防處另外批准才可以使用。

高度不可低於 2 米，如僅得單一方向往逃生出口，該出口亦不能距離食肆堂座超過 18 米。聽起來，是否很麻煩呢？

　　三、水：這是指來去水。有些人以為來去水是同一回事，其實搞錯了，「來水」與「去水」並不等同。「來水」容易申請，「去水」則難得多。申請「來水」，只消商舖附近有大廈供水位，得到大廈管理處同意，再向水務署申請獨立水錶，然後聘請持牌水喉匠施工即可。搞「來水」，最麻煩的通常是業主立案法團不批准供水。

　　至於「去水」，商舖須向渠務署申請接駁雨水或污水渠，其中隨時要經路政署批准掘地，才能「去水」。另外，環保署亦有相關規定，只有雨水或未受污染的水方能排放到雨水渠，但理論上清水經由商戶排放，已變為污水，如食肆排放的油脂廢水、經過洗碗洗菜的污水等，皆須經過隔油池或其他適當處理設施過濾，才能排入污水渠。

　　由於申請「去水」得經過多個部門審批，程序上難搞得多。故此，

據我所知不少商戶逕自把污水排到雨水渠，甚至直接排出街道，這自然是違規的。

如果依規定申請到來去水，商舖價值立即得以提升，皆因濕貨行業或服務性行業，如餐廳、髮廊、外賣店、兼營小食的便利店，甚至地產代理想在舖內自設廁所，都必須有「來去水」！

四、電：電包括電流、電壓和電功率。

Power（Watt）= A（Ampere）x V（Volt），以水喉作比喻，水管的粗幼等於 A（Ampere），以安培為計算單位；水管的水壓等於 V（Volt），以伏等為計算單位。

目前香港單相電是 220Volt，三相電是 380Volt，香港沒有二相、四相或五相電。家用電一般為單相電，工商舖一般為三相電。為了營商需要，工商舖採用三相電是較穩定及效率高些。

話說回頭，許多舊樓的地舖，只能供輸單相電，安培不足。不夠電，經營許多行業如餐廳、凍肉店、髮廊、電器舖等都有困難。

假設某商舖只得單相電 60Amp，以一部雞蛋仔機計已用掉 1400watt 電，單相電的電壓為 220volt，亦即用了約 6Amp 電，只消五部雞蛋仔機已耗用 30Amp，即整間商舖所獲供輸的一半電。然後每一匹冷氣機又耗 5Amp，一匹冷氣僅夠為 150 呎的空間供風；一部熱水煲耗用 10Amp、煮食爐又耗用 10Amp、招牌、電燈再耗 5Amp……加起上來，已用盡配額，再多一部電器便會跳掣！

反之，若商舖使用三相電，同樣安培，經過複雜的方程式換算，所得的大約為單相電的三倍。單相 60Amp 電量是 13.2Kilo-Watt（千瓦特），三相 60Amp 電量是 39.5Kilo-Watt（千瓦特），這意味著這商舖可支持使用高三倍電量的生財工具，且電流更穩定，無論經營

各行各業都能受惠，商舖自然值錢許多。

　　三相電源有三條線（A、B、C），互差120度，工商用途居多；單相電只得一組，家居用途居多。基本上只要看看電箱，便可大概得知是單相或三相電。香港每度電約1.2元（以中電為例），1度電＝1kWh（kilo-Watt-hour千瓦特小時），假設單相電60Amp x 24小時 x30日，電費大約11690元，即60Amp x 220v x 24 x 30＝9,504kWh；如果是三相電60Amp的商舖，同樣用足24小時 x 30日，電費約為34,784元。

　　一般來說，200呎的商舖，單相60Amp電勉強足夠。如是300-500呎商舖，最好有單相100Amp電以上，倘能是三相60Amp / 100Amp / 150Amp或以上就更理想。

　　如欲為商舖申請加電，首先可向中電或港燈公司查詢，了解一下整幢大廈的總電量是否已供應淨盡，若未超額，經業主立案法團批准後，便可向電力公司申請加電，並聘用註冊電業承辦商進行工程。

　　但如總電量已滿額供輸，那就十分難搞，既要得到電力公司提高大廈總電量，又須得到業主立案法團支持，然而法團未必樂見有商戶經營如此高耗電的生意，以免增加安全風險或嘈音滋擾。總括而言，「加電」非常棘手，筆者也曾不止一次「中招」！

　　五、煤：這是指煤氣。別以為所有商舖皆能得到煤氣供應，本港的煤氣覆蓋率只得86%，許多舊式大廈皆不獲煤氣供應。要知道煤氣是否到戶，其實只需在商舖附近走一圈，留意路面有否印上「煤氣GAS」的蓋，便可大約知道附近有沒有煤氣供應。倘若找不到，代表附近沒有煤氣喉，商舖就可能不獲煤氣供應了。

　　煤氣的重要性何在？如果商舖用來經營中式食肆，煤氣便非常關鍵。中式食肆講究「鑊氣」，用明火煮食才夠鑊氣，那是電爐難以取代的。

　　若以石油氣代替，價格一般較煤氣貴，加上機電工程署規定，同一單位不能儲存超過三個標準石油氣罐，否則即屬違法，再者石油氣罐更換也頗為麻煩，實難以滿足商用的需求。

　　以上逐一談過「風火水電煤」的配套細節，一間商舖要能五項皆全自然最佳，但硬要挑選，筆者認為最重要的排列依次為：水＞電＞火＞煤＞風。因為商舖若缺來去水，在今時今日網購的威脅下，商舖便不能經營值博率較高的濕貨或服務性行業；充足的電適用於各行各業；走火規定，只要樓底並非低於 2 米，一般只需花錢裝修就可符合法規。沒有煤氣，不算致命傷；沒有通風位，斥資加裝冷氣機和鮮風機，問題就迎刃而解。故重要性以「水」為首位。

商舖的五大配套
風火水電煤視像版

商舖結構最棘手問題

買舖，難免得到附加的「禮物」：不是漏
水，便是塞渠，或是僭建。未曾中招者，
大抵是買舖的資歷未夠深吧。
假設不幸中招了，你最不想遇到哪種狀
況？

　　如果問題能靠自己解決，怎麼也不致太煩難。塞渠、僭建，通常
根源在自己舖裡：渠塞了，找技工來通一通，便宜的約一、二千元，
貴則也頂多數萬元了事。僭建方面，除非在舖頭天井處建造了房子，
而房子現有人居住，甚或已成為了別人的物業，你無法即行清拆；否
則，只須聘用相關專業人士處理，清拆僭建物甚為簡單。人所共知，

●商舖結構最棘手問題
是什麼？

要興建些什麼，價錢隨時不斐；但要清拆些東西，再貴也有個譜兒。

如果商舖漏水，情況就相對麻煩。漏水，離不開四大原因：
一、 樓上排水管漏水；
二、 樓上供水管漏水；
三、 樓板防水層或浴缸縫邊殘損；
四、 雨水經過大廈天台或外牆滲入舖內。

由於漏水通常都牽涉樓上單位或大廈外牆，關乎他人的業權，最好與樓上業主、管理處，或業主立案法團洽商，盡快處理以找出漏水根源。

假如無法與鄰居協商解決滲水問題，你可致電「1823」求助。聯合辦事處會就滲水投訴作出初步調查；若滲水構成衞生妨擾，聯合辦事處便會根據《公眾衞生及市政條例》的相關條文處理。

如要控告造成滲水問題的鄰居，無論刑事或民事，一般也得虛耗多年時間。業主也可考慮聘用相關專業人士，於自家舖裡的四面牆壁、天花板等施加防止滲漏工程，施工費用由十多萬元至數十萬元不等，然而此類工程卻難以擔保日後不再出現滲漏問題。當然，此等問題如欲處理得當，箇中還有許多手法和竅門的，本書不能盡錄。

商舖結構最棘手問題視
像版

餐廳的舖內配套要求

餐廳食肆，對商舖的配套要求，較其他行
業來得更高。

　　先談後巷。讓我們來談談一個傳統的餐廳後巷：要成功為食肆出
牌，少不了附有一個男廁及一個女廁，而許多傳統餐廳的廁所都是位於
後巷處。許多時候，食客會發現其中一個廁所要不是維修中，便是放滿
雜物無法使用，變相只剩一個廁所。香港寸金尺土，這是常見現狀。

　　根據法例，天井要「通天」，不可有僭建物。如果你目標商舖
的後巷天井安裝了僭建
物，如是續牌還好，若
欲出牌或轉牌就有一定
難度。

天井要通天，不可有僭建物

●天井要「通天」

沙井不可位於廚房，天井無問題

●沙井不能位處廚房

　　不少傳統餐廳也設前後門，這代表此商舖可合法設堂座容納 30 人以上。如果商舖沒有前後門，意味著非常不利於經營食肆。

　　再談談地面：基於衛生理由，廚房裡不能見到沙井，不過沙井若位處後巷或天井倒沒問題。

　　另外，食肆出牌，一般不可有自建閣樓，因此許多餐廳的樓底特別高，原因在此。

餐廳的舖內配套要求視像版

各種渠蓋對商舖的影響

平日逛街，你有沒有留意路面有各式各種的「渠蓋」？

蓋子有許多種。如蓋上印有電訊公司的名號，不消說蓋下的自然是電纜、光纖、電話線等。

　　蓋上印著「煤氣 Gas」字樣，代表底下設有煤氣管道。

　　蓋上印有「H.K.W.S」字樣，意思是 "Water Services"，即附近大廈的供水水掣所在。

煤氣 Gas

Water Services
大廈水掣

蓋上印有「F.H.」字樣，意思是 "Fire Hydrant"，是消火栓的所在，通常附近會設有水龍頭。

　　一般街舖多在舊樓內，附近不時可見到渠蓋。大部分渠蓋也無甚壞影響，最忌是見到沙井（Manhole）渠蓋。要辨認這些沙井渠蓋，行內有一術語，叫「圓清方臭」，意思是觀察渠蓋上圖案：若圖案呈螺旋狀排列，代表下面是雨水或清水，亦即「雨水渠」；若圖案呈方型排列，即代表是污水渠。一旦大雨成災，或不幸遇到「爆屎渠」甚或沼氣爆炸，附近商舖便首當其衝。

　　如果商舖裡面出現沙井，謹記沙井所在位置不能用作廚房用途，由於出牌受此限制，商舖的價值自然也受影響。所以如果你看中一間商舖，卻發現周邊被沙井渠蓋包圍，這個舖位價值難免大打折扣。

各種渠蓋對商舖的影響
視像版

商舖閣樓話你知

一間商舖的樓底高與低，非常影響商舖的價值。若是無閣樓的純地舖、附帶自建閣樓的地舖，與擁有入則閣樓的地舖三者比較，估值又相差多遠？

實例分析

不妨以實際個案為例簡單分析。位於干諾道中 136 號的一間商舖（現商戶為信科資訊科技），2017 年 7 月以 3900 萬成交易手。此舖附帶自建閣樓，如果閣樓是入則閣，估值應該可上調至 4500 萬。但如果舖位樓底矮，不設閣樓，市值大概只值 3300 萬了。

概略而言，一間商舖樓底夠高（自建閣樓），估值可高出一至兩成；附帶入則閣樓，估值更可高出三分之一。因此，買舖豈能不留意樓底高低與價格的關係？

閣樓怎樣能符合消防條例？

如果商舖附帶閣樓，我們如何判斷閣樓是否合符消防條例？

大部分食肆，若僅得一道樓梯通往二樓（閣樓），通常二樓多是僭建閣，一般只可用作存放貨物，理論上不能設置堂座招待顧客。除非二樓的樓底有兩米高，設有後門作走火通道，或者有另一條樓梯供人上落，才有機會符合出牌條件，設置堂座。市面上利用閣樓招待顧客的食肆，大多數是違法的，因為消防條例根本不容許只得一道樓梯而沒有後門的閣樓出牌。

店舖盜竊保險賠償問題

早前中環有珠寶店遭遇打劫，觸發筆者想到一個問題：世上不只珠寶店會遭遇劫案，如果你的商舖被人盜竊，可以獲得賠償嗎？

　　打開門口做生意，除了蝕本，還有三大風險。一、有人在舖內因故受傷；二、火警水災；三、被人盜竊或搶劫。

　　經營不善而賠本，當然不可能得到賠償，但其他幾種情況卻有可能。

　　例如，有人走進貴舖裡面，不幸跌倒受傷，他隨時可以循民事訴訟控告店主疏忽而導至他受傷。如何受傷、創傷多嚴重、是否失去工作能力、索償多少，主導權往往在索償一方，店主頗為被動，如此第三方責任保險便非常重要。

　　例如，一旦遇到火警或水災，店內業務因此停止運作，造成生意損失不在話下，維修店舖及重新添置生財工具，皆須花上一大筆錢。如果已為店舖購買相關意外保險，自然多一重保障。

　　那麼，萬一不幸遇到劫案，一如中環的珠寶店，而店方已買了保險，是否一定得到賠償？答案是未必。

　　因為店方必須嚴格遵守保險公司列出的相關保險要求，例如店舖的營業時間不能太晚、窗櫥需裝設防盜玻璃、警報系統及閉路電視要正常運作等；如果保險公司認為是人為疏忽，或案發時的保安設施與申報不符，那便很大機會不獲賠償。

　　保險費用方面，據筆者了解，投保 1000 萬元的財物保險，一年保費約為 8 萬元。另外，保險公司一般不會賠足損失，店方通常要付出約 10% 的「墊底費」。換言之，假設你是新聞裡珠寶劫案的商戶，被劫去 4000 萬元珠寶，即使成功向保險公司索償，也要「墊底」400 萬元的損失！而且保險公司所賠的，是貨物的來貨價，並非零售價。因此，即使已購買保險，並不等於安枕無憂的，店主還需要自求多福。

●保險公司一般不會賠足損失

Chapter 3

點精篇

十區十大商舖經典成交

透過研究商舖的成交個案，可以磨練自己的揀舖眼光。就讓我們回顧 2017 年的十區十大商舖經典成交個案。

第十：

位於灣仔皇后大道東 45-56 號 E 舖，面積僅 300 呎，於 2017 年 2 月易手，成交價達 1.41 億。業主在 1959 年以 $59,000 買入此舖，數十年後為太古公司收購，升值 2393 倍！

若論升值幅度，最驚人的是銅鑼灣波斯富街與羅素街交界的商舖，升幅達 7600 倍；這個灣仔皇后大道東 45-56 號 E 舖雖非升值冠軍，經典之處在於業主「長揸」57 年，長情之餘，亦獲得極可觀的利潤，實在是一舖養三代的代表。

第九：

接下來的是一個「高手盤」。西營盤皇后大道西 263 號地下 1 及 2 號舖，租戶為坤記煲仔飯，面積 900 呎，租 $48555，3% 回報。

2017 年 2 月被投資者以 1980 萬買入，當時筆者把此舖評級為

10 分，因坊間現時已很少見 3% 回報的筍舖。原來買家是久未出手，

綽號「物流張」的
炒家，這是他重出
江湖之作，年頭用
1980 萬買入，轉
眼 便 以 2480 萬
「摸出」，高手果
然是高手，經典之
作。

第九： 西營盤皇后大道西263號地下1及2號舖，坤記煲仔飯，900呎，2017年2月成交1980萬，租$48555，3%回報
經典： 高手(物流張)重出江湖，摸出2480萬

第八：

　　尖沙咀海防道 32 號至 34 號寶豐大廈地下 D 舖連閣樓，面積
1000 呎，租戶為德成藥房，月租 75 萬，3% 回報。2017 年 6 月
此舖作價 3 億成交，由內地投資者劉軍久別出手買入。劉軍曾經於
2012 年摸頂買入銅鑼灣波斯富街（前租戶泉章居）一間舖位，作價
11 億 4200 萬，後來輾轉拆細出售，整個項目虧損 5 億，是香港商
舖交易紀錄中蝕錢最多的個案，幸他底子雄厚，只損皮毛而已。

　　本個案經典在於細舖大額成交。以劉軍的豐富經驗，買入此舖自

然有他的道理。其實這
種價碼的成交屬近年罕
見，或許意味內地自由
行旅客「回來了」！

第八： 尖沙咀海防道32至34號寶豐大廈地下D舖連閣樓，德成藥房，1000呎，2017年6月成交3億，租75萬，3%回報
經典： 細舖大額成交(劉軍再出手)

第七：

不是每宗經典成交都是億元起跳的。讓我們看一宗金額相對較小的交易。大角咀大全街 54 號地下 C5E1 及 2 舖，面積 300 呎，租戶為萬圍地產及 20C 美容，2017 年以 1030 萬成交，以租金 22000 元計算，回報為 2.6%。

成交中的兩間舖位，本由一間單邊大舖分拆而來。原商舖已一分為四，起先業主以 1600 萬整項買入，單是拆售其中兩間已賣出 1030 萬。剩下未賣的兩間舖，當然不止值 600 萬。這宗交易經典在於單邊大舖分四間拆售，證明小型商舖買賣也大有可為。

第六：

荃灣沙咀道 128 號，環宇鋼具，面積 1400 呎，2017 年 5 月以 2498 萬成交易手。

這宗個案是筆者個人的「經典」之作，因為我經常形容自己為「荃灣處男」，老是想在荃灣買一間商舖，但總是未能如願，因為舖價太貴了。其實荃灣區的舖價一直高企，如果位置稍為靠近荃灣川龍街的商舖，市值隨時逾億元。難得找到一間 20 x 50 呎，實用面積近千呎的舖位，舖價只是 2498 萬，終於令筆者「破處」買入，在本人心中，怎能不列入經典？

第五：

這是令筆者摸不着頭腦的一宗交易。別以為買舖一定牽涉龐大金額，原來幾百萬元也有交易，同樣能得到可觀利潤。說的是屯門恆富街 23 號舖（南浪海灣 1 號舖），面積 300 呎，租戶為 Pro Hair，2017 年 3 月成交，作價 638 萬，以月租 $11700，回報為 2.2%。

　　觀察商舖附近環境，幾乎什麼也沒有，究竟誰會買入此舖呢？半年前業主買入，僅需 400 多萬元，持貨半年時間，竟賺取超過五成的利潤，令人驚訝。後來詢問前業主是誰收購，原來買家是地產代理公司，方才晃然大悟。此舖周圍並無其他設施或商舖，多的是住宅樓宇，正適合用來經營地產代理，完全是獨市生意。所以百貨應百客，一間小商舖半年間升值五成隨時有可能，此之為經典。

第四：

　　一宗經典的「自用舖」成交個案。元朗牡丹街 15 至 23 號康德閣地下 9 號舖，租戶為 Yamazaki Bakery，2017 年 6 月成交，作價 5400 萬，月租 133,200 元，2.8% 回報，買家是凱斯餅店的蕭老闆。從事麵餅行業的買家，買入一家正在經營麵包店的商舖，這間舖是否買得過，他肯定十分精楚，勝算自然甚高。

元朗不乏類似的交易，買家買入舖頭後留來自用。例如大家樂於2016年買入一間舖位，作價2億1000萬元，也是拿來自用。自用舖買家看重的是商舖實際營運的價值，他們也認為買得過，證明元朗的消費力實在強勁。

第三：

上水新祥街20號舖，面積800呎，租戶為草莓Baby，2017年6月以4790萬成交，以月租90000元計，回報為2.3%。

上水的「水貨舖」交易已停滯了一段時間，頗為淡靜，但在2017年中又開始見到成交。這意味隨著當局政策穩定下來後，水貨客又會再度活躍，連帶適合用來經營「水貨店」的商舖市場也轉趨活躍。其中最經典的，要算是上述新祥街20號舖個案。

第三： 上水新祥街20號，草莓Baby，800呎，2017年6月成交4790萬，租$90000，回報$2.3%
經典： 上水水貨舖分分鐘又嚟過

第二：

大埔廣福道60至62號A,B,C舖及入則閣，面積5074呎，前租戶為滙豐銀行，2017年3月以1.4億成交。

這宗成交經典之處在於，炒家林子峰年頭以1.15億買入，罕有的大金額摸貨成交，僅兩個月速賺2500萬元，屬於大埔2017年以來紀錄最旺，高手即是高手。

第一： 大圍積輝街**1-5**號金輝花園I舖，金鑽皇水果店，**300**呎，**2017**年7月成交**3000**萬，租11萬；回報4.4%
經典： 大圍街市連續幾間舖成交，全港罕見

要數 2017 年經典商舖成交，當然要到大圍看看。大圍積輝街 1-5 號金輝花園 I 舖，面積 300 呎，租戶為金鑽皇水果店，2017 年 7 月成交，作價 3000 萬，以月租 11 萬計算，回報為 4.4%。

這個案經典在於極少見到「街市舖」能夠連續幾間同一時間成交，實屬全港罕見。上手業主 2016 年以 2100 萬買入，持貨不足一年利潤近五成，證明大圍商舖有價有市。隔籬的 J 舖豬肉檔亦以 2480 萬售出，P 舖則以 2380 萬賣出，全香港很難找到一個街市出現如此多間商舖同期成交的例子。

誠如 Richard Branson 所言，買舖做生意，不是 Career，而是 lifestyle。既然買得舖，不如把生活與睇舖結合起來。筆者就以單車騎行，一天內走過以上十區十大經典成交商舖，從早 11 時起程，直至翌日零晨 2 時，總共花上 15 個小時，幸好司機駕車到終點站等待，否則若要再踩單車回家，必定虛脫！希望上述十大經典個案，對讀者有所啟發。

十區十大商舖經典成交
視像版

十大商舖天堂與地獄成交紀錄

說到商舖出售呎價，每呎可以高達 137
萬，也可低至 1429 元；租金貴至每月
1378 萬，即每呎要 8667 元；租金升幅
可達 213%，但跌幅也隨時一跌 76%；
最大宗的成交賺 11.5 億，但也有人蝕
4.6 億；舖價升幅最高紀錄為 7600 倍，跌幅最
高紀錄是 92.5%……投資商舖，真可以是天堂和地獄的分別。

說了一大堆，讀者可能問：你究竟在說什麼呀？

我其實是在說十個商舖天堂與地獄的成交紀錄。你知不知是哪十
個？

第十：

論呎價，全港最貴的舖就是銅鑼灣波斯富街 77 至 83 號波斯富
大廈地下 N 舖，實用面積僅得 126 呎，於 2014 年資本策略以 1.85
億買入，後來因為自由行旅客減少，業主英記茶莊為求成交，願意減
價 1200 萬，最終以 1.73 億沽出，實用呎價都高達 137 萬一呎，依
然是全港呎價舖王。

相比住宅，最貴的樓宇，即使在今時今日，山頂的 Mount
Nicholson ，截至 2018 年 3 月，每呎最多只是 152,000 蚊，相比

之下，舖王就較樓王高出 8 倍。 所以舖王不單止是舖王，應該稱為物業之王，論呎價，應該沒有任何物業貴過舖王的 137 萬一呎。即使有，我猜只是骨灰龕位，這麼細小的了。

記著，舖價可以高達 137 萬一呎。

第九：

講完最貴呎價，那麼最便宜呢？近期舖市基本上是大幅落後大市，差過住宅、差過工廈、差過商廈、差過車位、連骨灰龕位都差過。剛剛提及那些，現在全部天天創新高。但舖市呢，所有高峰紀錄都在說 2011 、2012、2013、2014 年，但所有的「新低」都在近兩三年發生。我從事商舖買賣，還真是滿眶眼淚，幸而最近舖市回暖許多了。論到最便宜呎價？撇開太久遠的例子，因為難以比較，近年的話，該說是佐敦廣場。

佐敦廣場前身是百爵酒樓，面積近兩萬呎，涉及四層樓面，於 1992 年業主「劏」開 160 間舖，當時的呎價已需兩三萬元一呎。可惜許多買家收舖之後，才發現實用率超低，僅得三、四成， 向賣方追討後，賣方甚至把公司清盤，連管理公司都倒閉。由於欠缺管理，

舖價瀑跌。該處的 3 樓 9 號舖，建築面積約 70 平方呎，於 2016 年 4 月的時候就以低價十萬元沽

舖價最平是每呎$1429

出，呎價只有 1429 元，原業主在 1992 年以 70 萬買入，持貨 24 年，最終虧損八成六收場。

相比之下，同一時期，即使最偏遠，被譽為有可能是全港最便宜私人屋苑的大嶼山澄碧邨，於 2016 年 5 月就賣出 170 萬，以建築面積 615 呎計，呎價也要 2764 元。最偏遠的住宅，比起位於市區中心位置的佐敦廣場的舖位，同期住宅呎價都高出近一倍。

藝人薛家燕當年也在該處用了 254 萬買了兩間舖，持貨 18 年，終於 2010 年以 27 萬 6000 元賣回財團，虧損近 9 成。到了現在，你不妨前往看看，依然空無一人。

記著，近年商舖最便宜也只是 1429 元一呎。

第八：

說過買賣成交，接著談談租務。全港最貴呎租的商舖，就是銅鑼灣景隆街同駱克道交界的找換店，景隆街 2 號的一間迷你

舖。該舖建築面積 50 呎，實用僅得 30 呎，2014 年 4 月續租租金為 26 萬，實用呎租為 8667 元。雖然隨著自由行的縮減，2017 年 5 月續租時，租金下跌近一半至 13.8 萬元，但憑著實用每方呎每月 4600 元依然是香港的租值舖王。

記著，舖月租呎價可高達 8667 元。

第七：

　　說完呎租之王，現在就談一談，倘以整間舖來計，最貴是哪一間。那就是銅鑼灣渣甸街 5 至 19 號京華中心地庫、地下，以及 1 至 4 樓共 6 層巨舖，總面積 51,188 方呎，由 Forever 21 於 2011 年承租，成為全港有史以來最貴的單一舖租、月租高達 1,378 萬元。可惜 Forever 21 品牌於 2017 年撤出，現在由 Victoria Secret 用一半的價格，700 萬元租下。

　　相比起住宅單位，翻查資料，2012 年 5 月份的時候，西半山天匯頂層複式單位，就以天價月租 125 萬租出，以實用面積 5732 平方呎計，呎租只需 218 元。相比起最貴的舖王，舖王高樓王呎租達 40 倍。整間的租值都相差了十倍。所以商舖舖王，同樣是所有物業之王。

　　記著，最貴的商舖月租是 1378 萬。

第六：

說到加租最多，可以回溯 2011 年自由行旅客最高峰的時候，銅鑼灣羅素街 58 號，亦即在波斯富街大單邊那舖位，建築面積地下 700 呎加一樓 1100 呎，太子珠寶鐘錶當時以每月 250 萬續租，較舊租 80 萬，租金急升超過兩倍，即 213%。當時的業主幾「狼」！至於住宅？哪可以加租這麼多。

記著，舖租一加可以高達 213%。

第五：

升得急，亦可以跌得狠。香港史上減租最多個案，要數恩平道 17 至 19 號地舖，與白沙道交界的大單邊舖位，建築面積 1471 呎，2013 年起以月租 170 萬租給名錶 IWC，IWC 約滿後減租以 60 萬再租給英國家電品牌 Dyson，可惜由於 Dyson 無法打通 1 及 2 樓，於是放棄租用。其後於 2017 年 8 月再以 40 萬元租給藝廊，由高峰期足足跌了 76%，相信是香港單一減租的紀錄。低處未算低，即使減了租，不足半年藝廊也倒閉，最新狀況是租了給 Initial，希望它能經營下去啦。

記著，舖租最多減 76%。

第四：

舖市歷來單一舖最大單 Deal 呢？可以回溯去 2012 年 6 月，內地投資者劉軍以 11.42 億買下波斯富街 108 至 120 號寶榮大樓地下 A 、B 號舖的 1 及 2 樓，即泉章居舊址，總樓面約 2.5 萬平方呎，為當時及至今最大單單一舖的成交個案。當時原業主也只是早三年，即

2009年7月以約3.07億元買入而已,三年升近三倍,還要是「交吉」賣,劉軍算不算買貴了呢?

很多人問我,他買某間舖買得值不值。我答:很簡單,無需問太多,賣出去有錢賺,就是買得對。賣出去賠本的,就是買錯了。對於劉軍那個案,正是在差的價格買入,因為最後是蝕大本的。

記著,商舖最大單單一成交是 11.42 億。

波斯富街 108 至 120 號寶榮大樓地下 A、B 號舖、1 及 2 樓,即泉章居舊址,總樓面約 2.5 萬方呎

第三:

香港市場蝕本最多的舖是哪間?答案就是劉軍那一間了。他於2012年以11.42億元買入之後,空置一年,2013年底終於找到先施百貨進駐,以月租190萬租出大部份樓面,2016年續租時就減兩成至150萬予先施,續租到如今。當時地下 AB 號舖則長期租不出,直至2014年底,劉軍割價五成,以2.1億元出售地下 AB 號舖予宏安鄧清河,劉軍再於2017年2月以4.68億出售先施租用的位置予冠華鏡業,前後合共套現6.78億,比起2012年買入價11.42億,

未計手續費，五年之間虧損 4.64 億，損失金額超過 4 成，相信是至今香港歷史上虧損最多的商舖成交個案。

老實說，買得這些位置的，一般都是擁有強勁實力，有面子有身分地位的投資者。即使賠本，也不會如此高調沽貨離場，因怕丟臉之故。一般都是不動聲息，靜悄悄的用公司股份轉讓方式進行，這樣便無人知曉。不過，若非本地投資者，在這裡的朋友較少，我猜相對無甚所謂了。倘若我去非洲買舖，虧了錢，也會照樣沽售，但如果在香港，虧大本，是有點醜怪的。

記著，舖蝕最多是 4.64 億。

第二：

談過虧損最大的個案，不如說說升得最多的故事。現時全港有史以來升得最多倍數的商舖，地址位於波斯富街 76 號地舖（羅

素街及波斯富街交界）。本來租客是 Rado，現在是 Folli Follie。原業主於 1966 年以 5 萬元買入，於 2011 年 1 月以 3.8 億售予英皇，45 年之間升值 7600 倍，是香港舖界紀錄，也應該是所有物業的紀錄。該舖建築面積 600 呎，呎價 63 萬元，出售時租金為每月 64 萬，回報 2.0%。之後 2014 年 3 月加租 1.8 倍至 179 萬，隨著自由行大跌零售業景氣回落，Rado 於 2015 年 12 月撤出，Folli Follie 進駐，最新租金為 90 萬，呎租由 2983 元減至 1500 元。舖市升過千倍很

平常，但是升至 7600 倍依然是香港紀錄。

樓宇的話，一般頂多升至幾百倍。例外的是勿地臣街 16 號一個單位，於 2017 年 1 月因收購而被發展商以 3600 萬買入，原業主於 1970 年以 37000 元買入單位，46 年間升值了 972 倍。翻查有報導的資料，這單個案已經是香港樓宇的最高升幅紀錄。

如果你在 1960 年代買入香港第一個大型私人屋苑，亦即美孚新邨，第一手持貨至今，整整 50 年沒有變賣，都只是升了大約二、三百倍。所以舖王的升值潛力遠遠高於樓王。

記著，商舖可以升值 7600 倍。

第一：

上帝要你滅亡，必先令你瘋狂。升得多，當然可以跌得狠。買樓一般最多都只虧損幾成。即使在 1997 年最高峰的時候買入，2003 年沙士的時候沽出，才會勁蝕七成。但買舖可以虧損得更慘烈。你以為上面提及的佐敦廣場夠悲慘？還未算。尖沙咀金馬倫道首都廣場才慘烈。首都廣場前身是 DNA 商場，於 2013 年由劏場大王尹柏權分割出售，全場劏舖數目超過 700 個，推出首兩年 5 厘回報保證，吸引了不少第一次買舖的買家。該處一樓 F148 舖，實用 80 呎，原業主於 2014 年用 827.2 萬第一手買入，由於欠缺推廣及管理不善，舖價大跌淪為死場，原業主結果於 2017 年 5 月以 70 萬沽出，未計手續費，帳面虧損達 91.5%。

這個還不是香港紀錄，只排第二。第一應該是位於荃灣近路德圍的地皇廣場，前身為登發大廈的商場。這裡本來經營著幾間大型食肆同補習社。於 2012 年，又是劏場大王尹柏權劏出 250 間舖，又是用首兩年 5 厘回報保證，可惜劏場最終又淪為死場。2017 年地皇廣

《香港十大商舖紀錄》

每間舖平均要比成千幾蚊。一方面你租唔出的話，你可以每個月繼續俾千幾蚊，或者一次過收30萬斬纜就算數

場內 2 樓 238 號的舖位，建築面積 84 方呎，實用面積 42 方呎，原業主用 400 萬 4 千元買入，持貨五年以 30 萬元沽出，帳面勁蝕 92.5％！較首都廣場那個案虧損多 1％，這才是香港舖市損最多的紀錄，我相信亦是香港所有物業市場虧本的紀錄。

很多人問我：「蝕咁多點解要賣呢？」，你要明白，商場舖你租不出去，每月也要支付冷氣費及管理費，每間舖平均有港幣數千元的開支。兩難的選擇：租不出去的話，你需要每月支付逾千元，或者長痛不如短痛，一次收回 30 萬「斬纜」作罷。你可以等，但回望佐敦廣場，一旦淪為「死場」，足足空置了 26 年！那麼你會選擇每個月付千多元，不幸的話付足 26 年，還是取回三十萬認輸離場呢？自己計計數吧。

不過題外話，幸好在 2017 年 8 月份，有位叫李根興的「攪屎棍」，聯同一班業主，一齊唱歌跳舞希望聯合力量招租搞旺地皇廣場。到現在？已經 100％ 出租啦！想租舖？可以打給 Olive Wong 看看還

有沒有機會入場吧。30 萬？歷史故事了，現在肯定按倍數升上去。

但最後，也要**記著：舖是可以慘蝕 92.5%。**

現再重溫一次天堂與地獄吧⋯

商舖呎價，每呎可以高達 137 萬，也可低至 1429 元；租金貴至每月 1378 萬，即每呎要 8667 元；租金升幅可達 213%，但跌也隨時一跌 76%；最大宗的成交賺 11.5 億，但也有人蝕 4.6 億；舖價升幅最高紀錄為 7600 倍，跌幅最高紀錄是百分之 92.5%⋯⋯投資商舖，可以是天堂也可以是地獄。

現在你肯定聽得明白了。你要去天堂或地獄？看你本事了。

十大商舖天堂與地獄成
交紀錄視像版

十個快速揀舖 Tips

來到本章節差不多到達本書的尾聲。筆者由買舖基礎講到進階知識，由前景、租值及配套幾方面為讀者講解商舖價值分析，其實是由筆者多年睇舖經驗累積而成。假如讀者對本書的內容難以一下子消化，以下有十個快速揀舖 Tips：

最好前面沒有欄桿

第十：舖前沒有欄杆。

第九：商舖盡量避免對著公廁。

第八：商舖盡量遠離垃圾站。

第七：商舖前面行人路夠闊，這甚至可以申請露天食肆牌照。

第六：商舖前面最好不是斜路。

第五：馬會投注站可以吸引外來人。

第四：盡量不要選需要行超過三級樓梯進入的商舖。

第三：商舖門前宜有簷篷遮風擋雨。

第二：商舖盡量避免在電單車泊車位後面。

第一：最好對正交通燈位，或燈位旁邊的一兩間舖。人人等待過馬路時也會望著你的商舖。

希望以上 Tips 能充當讀者揀舖的「懶人包」。然而，商舖知識是頗為專門的學問，必需要多看多接觸才能學有所成。如讀者想進一步掌握商舖學問，歡迎到筆者的 Youtube channel 瀏覽更多商舖影片。

十個快速揀舖 Tips
視像版

商舖遇上租霸，怎樣辦？

最近經常看到這個廣告：「遇到租霸就要買佢怕？(rent smart)」， 相信許多業主見到這廣告，都想一腳踢在那租霸身上。

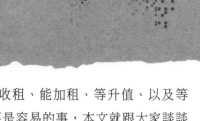

買舖要買得 PRO， 無非為了能收租、能加租、等升值、以及等待重建。 但買舖想收到租，有時也不是容易的事，本文就跟大家談談如何收租。

商舖的價值主要在於租金「厘數」回報，而非呎價。假設一間舖每月收 5 萬蚊租金，3 厘回報，(5 x 12)/0.03 = 該舖值 2000 萬。但萬一收不到租呢？這時候便要留意以下三件事：

（1）有沒有向印花稅署打釐印；
（2）有沒有在田土廳註冊；
（3）有沒有後續的法律行動 - 我指的是封租令及收樓令。

（1）先談有沒有打釐印：任何形式的租約，都需要在簽署日期後 30 日內打厘印。否則，業主與租客之間有何爭拗，就不能於民事訴

訟的程序提出作為證據。打厘印可透過互聯網、郵寄或親自去印花稅處處理。

記著,長租、短租、租兩日也好,均需打厘印才具法律效力。印花稅稅率(又名釐印費),是由低至平均年租的 0.25% 至 1%。 有免租期就會將個平均年租拉低。

如果租約內有任何「頂手費」,就會徵收 4.25%。即是說,如果租金是每個月 5 萬,租約為兩年,頂手費為 20 萬,所需要繳付的印花稅就是 60 萬的 0.5%,即是 $3000,再加頂手費的 $9500,合共需繳付 $12500 印花稅。當然,以我所知,許多時候雙方未必把所有協議寫在租約上,否則費用便會更高。

法例並未規定應該由業主還是租客繳付該筆印花稅, 但一般來說都是業主和租客各自承擔一半。

如果過期沒打厘印,而又打算回頭繳付,則視乎過期日子,通常罰款 2 至 10 倍釐印費。當然,若遲得太多,據我所知,很多人會以

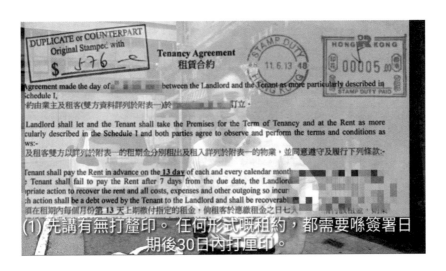

(1) 先講有無打釐印。任何形式嘅租約,都需要喺簽署日期後30日內打厘印。

家中有事、出門旅行、身體狀況不佳等理由求情，很多時候署方可能接受你的請求而減免罰款。其實，對方都是「打份工」而已，不過奉勸千萬別虛報資料，以免惹禍上身。適可而止吧。

記住，租約必須打釐印才有法律效力，別為了慳一點金錢而逃稅。如果沒有打釐印，即使租客欠租，基本上業主也無話說。

（2）租約有沒有於土地註冊處（俗稱田土廳）註冊：在田土廳註冊主要為了讓公眾知道該物業的業權情況，這樣你在法律上才具有優先權。買賣、按揭、其他產權負擔（encumbrances）等項目，一般都會註冊。租約方面，則視乎是三年以上還是以下。不超過三年的，通常用租賃協議（tenancy agreement）；超過三年的，應該以租契（lease）形式來進行。兩者常被統稱為租約，但在技術上，兩者是不同的。

租賃協議（tenancy agreement）：通常租期不足三年，基本上可以隨意訂立，但求有白紙黑字，甚至即使只得口頭協議也行。當然，

租賃協議（tenancy agreement），即係租唔超過三年，基本上可以求其好多，隨便寫隻字，也可能係口頭協議。

一旦出現爭拗，只得口頭協議就肯定「審死官」，所以還是書面作實為佳。至於到不到田土廳註冊則無所謂，這不會影響其法律上的優先權。

租契（lease），用於處理租期三年以上，是較正規的租約。租契必須以契據（deed）方式簽立，亦即必須經簽署（sign）、蓋章（seal）及交付（deliver，即互相交換）才能成立，上面通常可見到一個小紅

章，若是有限公司就會用到鋼印。 根據《土地註冊條例》，所有租契均應於土地註冊處註冊，否則便失去其優先權。換言之，如果不知哪裡來出現另一個租客

記住，二年死約加二年生約(即係續租權)嘅租約，都算超過三年嘅租約，係應去田土廳註冊，來保障優先權㗎。

遲來先註冊了租契的話，沒有註冊的原租契，就可能失去優先權了。記住，兩年死約加兩年生約（即續租權）的租約，也算是超過三年的租約，應拿去田土廳註冊，以保障優先權。

　　老實說，註冊之後優先權乃保障租客居多，因業主不大可能無端找自己麻煩，去租給兩個不同的租客。你不妨調查一下，十份中有九份超過三年的租約都沒有註冊。反之，如業主想踢走某長約租客，就可以另覓一個新租客，然後去註冊新的租約，那麼該份新租約就隨時有優先權租用舖位了。當然，如舊租客手中租約已打釐印，他可以循其他渠道向業主作追討。但如果連釐印也沒有打，就沒有法律無效力了。

　　至於租約有否註冊，一般並不影響業主追討租客的租金，因為註冊只牽涉租客優先權，但無註冊並不代表租約沒有法律效力。

　　（3）採取法律行動：只要租客遲交租超過 15 日，業主即有權採取法律行動控告租客。法律行動包括三項：(1) 追討租金欠款；(2) 舖內財物扣押令（亦稱封租令）；(3) 收回商舖的管有權（即收樓 / 收舖令）。這裡逐一介紹如下：

（1）先談追討租金欠款。視乎對方所欠租的金額，業主可向高等法院原訟庭、區域法院或土地審裁處申請追討租金欠款。如果是區域法院的話，追討租金介乎 5 至 100 萬之間。而無論上述哪級法院，均須先出律師信、再向法院提交申請，還要宣誓、送達申請通知書給欠租客、排期聆訊等等，起碼搞幾個月。因此如欠款不超過五萬元，業主可以考慮去小額錢債審裁處追討，手續簡單快捷得多。另外需留意，由今年 12 月起，區域法院民事申索限額由 100 萬提升至 300 萬，小額錢債處則由 50,000 元提升至 75,000 元。

（2）申請舖內財物扣押令，即封租：對商舖來說，這是最有效的收租方法。業主先要向區域法院申請一張財物扣押令（Distress Warrant），俗稱封票，業主需單方面以宣誓形式向法庭作出申請，假若法庭接納業主的申請，即會發出扣押令，快則數周內收到。申請過程毋須通知租客，免得對方得知而搬走東西。接下來業主可找法庭

(2) 舖內財物扣押令 （封租）

之後你就可以搵法庭派執達吏去租客嗰度抄封屬於租客的財物以抵償欠租

派出執達吏去抄封屬於租客的財物以抵償欠租，例如舖內的桌椅、生財工具、裝修擺設等。租客有五個工作天的期限來還錢交租，不交的話就會公開拍賣扣押了的財物來交租。不過坦白說，枱枱櫈櫈值得了什麼錢！一般都不夠抵銷欠租。

租舖與租樓不同，樓宇的租客，沒地方「落腳」就要瞓街，就算業主抄封傢俬財物，他還是可以拒絕遷走。租舖是為了打開門口做生意，業主抄封所有生財工具，什麼生意也做不了，連員工也四散，死守著空舖也無意思。要知道做生意並非必需，住宿才是必需。因此一旦出動「封租」，租客如有錢，多半寧繳付欠租。如果他真的一無所有，捨舖而去，你還追什麼呢？當真追討的話，便得回到上述第一個步驟：甚麼土地審裁處、區域法院、高等法院原訟庭等等。如此一來還想追足欠租？造夢吧！

（3）收回商舖的管有權（即收樓／收舖令）：作為商舖業主，使出封舖行動，而租客仍不交租，業主無非是想收回商舖，另覓好租客而已。業主可以向土地審裁處、區域法院或高等法院原訟庭申請。區域法院方面，涉及欠租金不能超過港幣 100 萬元，而相關嘅物業應課差餉租值亦不可超過 24 萬。請留意，今年 12 月起區域法院可以處理的欠租金額提升至 300 萬，以及物業應課差餉租值提升至 32 萬。高等法院通常處理大案，收樓收舖這等小事，許多人選擇到土地審裁處或區域法院著手。

土地審裁處對於收樓／收舖已有既定程序。業主要向土地審裁處申請收樓／收舖，而要有一份合法及已付釐印費的租約，申請後七日內，申請書的副本便會送一份給欠租的租客，業主應同時將「申請收樓通知書」張貼在商舖入口的當眼處，並貼出一份名為

「實際管有或居住者通知書 NOTICE TO PERSONS IN ACTUAL POSSESSION/OCCUPATION」，每日一份，貼足三日。這樣做代表業主已經盡力通知了租客。再看看租客在 7 日內有沒有提出反對，如有反對，租客需向土地審裁處提交「反對通知書」，之後就排期聆訊。如無反對，業主就可向土地審裁處在無答辯情況下申請得直令，約一星期內搞妥，簡單得多。有了裁判的 Judgement 後，再過一周左右，土地審裁處就應會批准發出「收樓令狀」。

申請人亦可申請「收樓及扣押判定債務人財務綜合令狀」，指示執達吏代為收回樓宇或商舖，以及抄封租客的財物，以便拿去拍賣來抵償欠租，英文叫做 Writ of Possession 及 Writ of Fieri Facias。執達吏收到你的令狀之後，可能會去舖面三次。安排時間後，一般一兩個星期內就會作出第一次的上門，通知租客離開。第二次上門時，如果租客於七日內仍未離開，執達吏便會發出「最後遷出通知」，通知租客收樓日期。第三次上門是正式收樓收舖那天，執達吏會聯同業主上門，有需要時會破門入屋入舖，正式收回單位。

以上整個過程，由正式入表申請，到收回商舖，租客無反對的情況下，快則一個月；租客阻延的話，往往要搞一年半載也不足為奇。至於律師費，便宜的則一萬幾千，租客「玩嘢」或牽涉金額較大 ，律師費起碼數萬元以上。

至於租客可以怎樣「玩嘢」？筆者與幾位律師談過，方法真是層出不窮，此處我不欲多談，以免教曉那些租霸。想知的

以上成個過程，由正式入表申請，到收到間舖，租客方反對嘅就快則一個月

話，不妨傳個 WhatsApp 給我，私底下聊聊。不過如果你有心做租霸，就先得講聲：「我想做租霸，我係契弟！」先再講。

　　好彩商舖同住宅不同，一般甚少專業的租霸。皆因生意搵不到錢自然執笠，霸住那間舖也沒用。世上從來沒有人拿槍指住你強迫一定要做生意嘛，但租樓就不同，因為沒有人想瞓街。

　　我問過幾位相熟律師，又綜合許多相關法律文件，才得出以上資訊。相信這篇可能是全香港有史以來最詳盡關於商舖收租的文章。其實收樓也是同樣道理同樣步驟。

　　租舖，大家只為搵食，租客賺不到錢，業主逼死他也無用。據我所知，大部分商舖業主連與租客見面也嫌費時，找個下屬或代理去收租便算數，以免惹麻煩上身，以及日後加租那一刻不忍心。租舖與買樓相類的是：買得貴不重要，最緊要樓價升！租得你間舖，租金貴不重要，最緊要賺到錢。身為商舖業主，肯定財力不菲，與其告來告去，倒不如動點腦筋，出手助租客做多些生意，這樣大家雙贏不是更好？大家都是搵食啫！

(3) 收回管有權
(收樓/收舖令)

業主可以向土地審裁處、區域法院或者高等法院原訟庭。

商舖遇上租霸，怎樣辦
視像版

結語：買樓如娶老婆，買舖如搵情婦

買樓如娶老婆，是「必需品」，必需品只要不是太醜，總會有人要。板間房、籠屋、對著焚化爐、垃圾房的房子，甚至凶宅，都有人住。

　　但買舖猶如找情婦，一定要靚，否則男人不會願意為你犧牲。

　　有時候，商舖位置不佳，人流淡靜，成交也淡靜，租不出賣不去，空置起來，不止一、兩個月，隨時閒置十年八載也乏人問津。荃景圍荃威花園的商舖，便是一例。

　　大部分人都是「先有老婆，後有情婦」，我從來未聽過有人「先有情婦，後有老婆」，因為老婆是「必需品」，情婦是「奢侈品」；同理，大部分業主也是「先有樓，後有舖」，甚少聽到業主「先有舖，後有樓」。

　　舖必需要靚，否則業主不會犧牲買樓的錢用來買舖。且看看荃景圍街市，即使在星期六下午五時，理論上是一個街市最旺的時段，依然極少人流，十室九空。這並非食環署封市不放租，而是根本沒人幫襯，除了一個魚檔、一個菜檔以外，全場皆是空置的「吉舖」。

一間差的商舖，送給你也不要，因為連人工也付不起。

以荃景圍荃威花園二期的地舖為例，面對著死城般的荃景圍街市，地舖連閣樓約每間 2800 呎，放售叫價約每間 1400 萬，實用呎價5000 元也不到，比起樓上住宅還要便宜（樓上住宅實用呎價約 8500元）。但我經常說，買舖切忌貪便宜，寧願「細些、旺些」，也不要「大些、靜些」。當然，正所謂百貨應百客，如果買家眼光獨到，注意到一些別人看不到的利好優點，那麼買入與否就是另一層考量了。

本書輯錄了筆者這些年從買舖實戰中累積而來的經驗，部份見解可能比較主觀。而筆者相信買舖是一門較專門的學問，不能一蹴而就，讀者宜走到街頭巷尾作實地考察，作個人分析及求證。而筆者最希望的，是本書能對有意購入商舖的讀者有所啟發。

●荃景圍荃威花園二期地舖

買樓如娶老婆，買舖如
攝情婦視像版

商舖成交分析視頻記錄

掃描以下 QR Code 觀看所有視頻

香港區

16 灣仔軒尼詩道 298 號地庫 KFC 成交價：9500 萬 日期：2017 年 2 月 8 日

17 西營盤皇后大道西 263 號地下 1 及 2 號舖 成交價：2480 萬 日期：2017 年 2 月 8 日

18 西環加倫臺 成交價：610 萬及 950 萬 日期：2017 年 2 月 8 日

19 上環差館上街 5 号舖 成交價：1500 萬 日期：2017 年 2 月 8 日

20 小西灣富欣花園幼稚園 成交價：3000 萬 日期：2017 年 2 月 8 日

21 西營盤忠正街 7 舖（大同海味）成交價：3880 萬 日期：2017 年 2 月 10 日

22 北角城市花園商場 100 號吉舖 成交價：630 萬 日期：2017 年 2 月 20 日

23 上環水坑口街 18 號（天祥號海味）成交價：3100 萬 日期：2017 年 2 月 22 日

24 譚臣道 5 至 11 號地下 C 舖（寶仕乾洗店）成交價：1800 萬 日期：2017 年 2 月 22 日

25 柴灣小西灣道 9 號富欣花園 77 號舖（牙醫）成交價：1900 萬 日期：2017 年 2 月 22 日

26 七姐妹道 126 號 C 舖（地產代理）成交價：1128 萬 日期：2017 年 2 月 23 日

27 中環荷李活道 68-70 號地下 D 舖及閣樓 CDE Arch Angel 成交價：9680 萬 日期：2017 年 2 月 23 日

28 西環南里 1 號地下連一樓（合共 4000 呎）新盤 成交價：7500 萬 日期：017 年 2 月 24 日

29 筲箕灣工廠街 30 號莊士軒地下 4 號舖（豬肉店）成交價：約 905 萬 日期：2017 年 2 月 27 日

30 西營盤忠正街 13 號地舖 - 宏俊公司 成交價：5400 萬 日期：2017 年 2 月 28 日

31 中環蘭桂坊和安里 2-13 號一樓 Common Room 成交價：1 億 2 仟 6 百萬 日期：約 2017 年 2 月 28 日

32 跑馬地成和道 9 號（祥勝茶餐廳）成交價：5200 萬 日期：2017 年 3 月 1 日

33 西半山聖士提反里 1-2 號金鳳閣地下 6 號舖 成交價：1680 萬 日期：2017 年 3 月 1 日

34 柴灣道 341 號宏德居 A 座 4 號舖 - 容記潮州鹵味 成交價：1450 萬 日期：約 2017 年 3 月 2 日

35 柴灣道 350 號樂軒臺 420 舖 - 輝煌美食 成交價：1100 萬 日期：約 2017 年 3 月 2 日

36 西灣河成安街 33 號地下 3 號舖 吉舖 成交價：2664 萬 日期：約 2017 年 3 月 2 日

37 灣仔軒尼詩道 68 至 76 號新禧大廈 C2&C3 舖及一樓 - 大快活 成交價：1 億 2 千萬 日期：約 2017 年 3 月 3 日

38 灣仔永祥街 22-30 號地下 5/6 號舖 - 双舖 成交價：2800 萬 日期：約 2017 年 3 月 5 日

39 中環德輔道中 167 號舖 - POSH 成交價：9500 萬 日期：約 2017 年 3 月 6 日

40 灣仔軒尼詩道 78 至 84 號地下入口連 1，2 樓及平台 Krispace 成交價：1 億 2000 萬 日期：2017 年 3 月 6 日

41 西環卑路乍街 124 至 134 號 A 聯基新樓地下 R 舖 裝修 / 地產 / 髮廊 成交價：1300 萬 日期：2017 年 3 月 7 日

42 上環普慶坊 62 至 72 號地下 5 號舖 吉舖 成交價：1450 萬 日期：2017 年 3 月 9 日

43 西灣河筲箕灣道 33 至 55 號麗灣大廈地下 A 舖 Adidas 成交價：2250 萬 日期：2017 年 3 月 9 日

44	灣仔道 124-126 號 全幢物業連 6 間地舖 成交價：1 億 3300 萬 日期：2017 年 3 月 13 日
45	中環結志街 28 至 30 號地下 B 舖 Fresco Café 成交價：4628 萬 日期：2017 年 3 月 14 日
46	中環蘇豪士丹頓街 39 號全幢 Vera Wang 成交價：6800 萬 日期：2017 年 3 月 15 日
47	大坑安庶庇街 19 號地下 A 舖 Hello Kitty Café 成交價：1880 萬 日期：2017 年 3 月 16 日
48	西環第三街 151 號連地庫 恒豐地產 成交價：4000 萬 日期：2017 年 3 月 16 日
49	銅鑼灣怡和街 1 號香港大廈地下 F 舖 信德藥房 成交價：7380 萬 日期：2017 年 3 月 20 日
50	皇后大道西 248 號地舖 廣源泰藥行 (吉) 成交價：2900 萬 日期：2017 年 3 月 21 日
51	天后英皇道 37 號 3 號舖 吉舖 成交價：970 萬 日期：2017 年 3 月 24 日
52	柴灣柴灣道 345 號金源商場地下 G28 號舖 成交價：2280 萬 日期：2017 年 3 月 29 日
53	中環卑利街 62 至 64 號地下 A 舖 Texas BBQ 成交價：3000 萬 日期：2017 年 3 月 30 日
54	中環嘉咸街 52 至 54 號舖連地庫 Just Green 成交價：4000 萬 日期：2017 年 3 月 31 日
55	上環歌賦街 13 號舖 成交價：$3988 萬 日期：2017 年 4 月 6 日
56	中環堅道 39-41 號 E 舖 Pompom 成交價：1180 萬 日期：2017 年 4 月 9 日
57	灣仔交加里 7 號地下 A 舖 La Bon's Café 成交價：2580 萬 日期：2017 年 4 月 9 日
58	西環卑路乍街 144-148 號 2B 舖 OK 便利店 成交價：1100 萬 日期：2017 年 4 月 10 日
59	西環皇后大道西 427-437 號地下 E 舖 UHome 成交價：3500 萬 日期：2017 年 4 月 11 日
60	西環士美菲路 43 號地下 12&14 舖 一粥麵 成交價：5680 萬 日期：2017 年 4 月 11 日
61	中環威靈頓街 73 號地下連入則閣 豐之丼日本餐廳 成交價：7950 萬 日期：2017 年 4 月 18 日
62	筲箕灣工廠街 30 號莊士軒地下 7 及 8 號舖連一樓 李偉醫務所及吉舖 成交價：4300 萬 日期：2017 年 4 月 20 日
63	上環皇后大道西 13 號地舖連入則閣 陳勤記 成交價：約 3000 萬 日期：2017 年 4 月 23 日
64	筲箕灣東大街 42-52 號地下 G5 舖 八佰碗 成交價：680 萬 日期：2017 年 4 月 24 日
65	鰂魚涌英皇道 937 號 C 舖 Titania 時裝店 成交價：1920 萬 日期：2017 年 4 月 26 日
66	灣仔巴路士街 (交加里)29 號地下 15 號舖 鳥華亭 成交價：1600 萬 日期：2017 年 4 月 26 日
67	堅尼地城卑路乍街 28 號 A 舖 麥君和醫務所 成交價：約 1908 萬 日期：2017 年 4 月 27 日
68	天后電氣道 100 號地舖 日本城 成交價：6500 萬 日期：2017 年 4 月 27 日
69	中環卑利街 39 號地舖 前 Roger Room 成交價：4080 萬 日期：2017 年 4 月 28 日

70　赤柱赤柱大街 32 號全幢 成交價：$1820 萬 日期：2017 年 5 月

71　灣仔機利臣街 6 至 14 號地下 A 舖 群眾小成交價：3880 萬 日期：2017 年 5 月 4 日

72　西環皇后大道西 171 號地舖 合德隆藥材行 成交價：4000 日期：2017 年 5 月 5 日

73　中環士丹利街 50 號信誠廣場地下 C 舖 U Home 成交價：8800 萬 日期：2017 年 5 月 8 日

74　跑馬地景光街 13 號 越南餐廳 成交價：4080 萬 日期：2017 年 5 月 9 日

75　半山堅道 110 至 118 號地下 B,C,D 舖 Woodland 成交價：6550 萬 日期：2017 年 5 月 9 日

76　筲箕灣東大街 59 至 99 號東威大廈地下 12B 號 宜興中西藥行成交價：1700 萬 日期：2017 年 5 月 10 日

77　西環干諾道西 3 號地下 C1 及 C2 舖 老字號成交價：2200 萬 日期：2017 年 5 月 11 日

78　銅鑼灣登龍街 36 至 48 號登輝大廈地下 A 舖 泰成雜貨及餐廳 成交價：7500 萬 日期：2017 年 5 月 12 日

79　灣仔巴路士街 29 號地下 15A 舖 成交價：$1600 萬 日期：2017 年 5 月 24 日

80　中環蘇豪伊利近街 18 號舖 重慶食店 成交價：3160 萬 日期：2017 年 5 月 27 日

81　灣仔道 177 至 179 號保和大廈地下 G，H 及 15 號舖以及一樓 川亭、慶吉家及實惠傢俬 成交價：1.38 億 日期：2017 年 5 月 27 日

82　上環皇后大道中 242 號地下舖連入則閣樓 吉舖 成交價：3050 萬 日期：2017 年 6 月 2 日

83　中環威靈頓街 178 號地舖 新豐木行 成交價：5000 萬 日期：2017 年 6 月 2 日

84　銅鑼灣利園山道 61 至 73 號寶榮大廈地下 G,H 舖 尊貴視力眼鏡店 成交價：2.08 億 日期：2017 年 6 月 2 日

85　西環干諾道西 79-81 號（81C）舖及閣樓（皇后街及修打蘭街之間），德昌海產 成交價：5180 萬 日期：2017 年 6 月 5 日

86　柴灣小西灣道 23 號富怡花園地下 40 號舖 成交價：$1750 萬 日期：2017 年 6 月 8 日

87　中環域多利皇后街 15 至 16 號裕成商業大廈地下 1 至 3 號舖及閣樓 1 號舖 成交價：$1.75 億 日期：2017 年 6 月 12 日

88　西環士美菲路 71 至 77 號地下 2DE 舖 100 分玩具 成交價：1350 萬 日期：2017 年 6 月 13 日

89　西灣河成安街 5 號地下 燒味及牛腩店 成交價：3050 萬 日期：2017 年 6 月 13 日

90　西環加多近街 45-55 號地下 01-02 號舖 地下約 800 呎＋天井約 405 呎 成交價：約 $3,050 萬 日期：2017 年 6 月 14 日

91　香港中環威靈頓街 57 號全幢 成交價：$85M 日期：2017 年 6 月 15 日

92　香港上環普慶坊 62-72 號地下 7&8 號舖 成交價：$3,196 日期：2017 年 6 月 15 日

93　西灣河筲箕灣 57-87 號永安樓地下 G22 號舖（連一個車位）Pizza Hut 成交價：$3000 萬 日期：2017 年 6 月 21 日

94　上環四方街 6 號舖地下，崇藝燈飾 成交價：$1400 萬 日期：2017 年 6 月 23 日

95　銅鑼灣糖街 27-31 號 成交價：$16.8 億 日期：2017 年 6 月 28 日

96　羅便臣道 27 號地舖 A 連自建閣 成交價：$880 萬 日期：2017 年 7 月 3 日

97　銅鑼灣耀華街 38 號 Zing 全幢 成交價：約 20 億 日期：2017 年 7 月 5 日

98　灣仔巴路士街 3 號地下 成交價：$5500 萬 日期：2017 年 7 月 5 日

99　堅尼地城吉席街 78 至 86 號地下 F 舖 成交價：$1080 萬 日期：2017 年 7 月 5 日

100　北角電氣道 9 至 15 號聯和大廈地下 C1 舖 成交價：約 $1208 萬 日期：2017 年 7 月 7 日

101　銅鑼灣恩平道 44 至 48 號低層地下 14 號舖 成交價：$1865 萬 日期：2017 年 7 月 12 日

102　北角北角道 33 號和富豪庭地下 A，B1，B2 舖 成交價：約 $1 億 7500 萬 日期：2017 年 7 月 12 日

103　筲箕灣金華街 36-44 號寶德大廈地下 H 舖 成交價：$3100 萬 日期：2017 年 7 月 13 日

104　灣仔道 148 號 成交價：$4000 萬 日期：2017 年 7 月 14 日

105　鴨脷洲大街 65、67、69、71 號舖，萬寧及食肆，發展商收購（利東港鐵站旁）成交價：每間 $3500 萬 日期：2017 年 7 月 18 日

106　東角銅鑼灣開平道 1-3 號 成交價：約 $20 億 日期：2017 年 7 月 19 日

107　灣仔道 232 號 成交價：$ 11.8 億 日期：2017 年 7 月 19 日

108　西環皇后大道西 160 號地下 成交價：$3000 萬 日期：2017 年 7 月 20 日

109　筲箕灣筲箕灣道 251 至 261 都城大樓地下 C 及 D 號舖 成交價：$4500 萬 日期：2017 年 7 月 21 日

110　樂古道 2-8 號地下 shop B 成交價：$ 1750 萬 日期：2017 年 7 月 21 日

111　大角咀福澤街 33 至 47 號地下 1 號舖 成交價：$1500 萬 日期：2017 年 7 月 21 日

112　西營盤桂香街 1 號薈臻地下 B 舖 成交價：$3980 萬 日期：2017 年 7 月 24 日

113　上環禧利街 2 至 2D 號東寧大廈地下 5 號舖成交價：$1900 萬 日期：2017 年 7 月 24 日

114　灣仔駱克道 88 號地庫 成交價：$6080 萬 日期：2017 年 7 月 25 日

115　筲箕灣筲箕灣道 407 至 409 號筲箕灣中心地下 29-31 舖及一樓全層 成交價：$3 億 1 千 8 百萬 日期：2017 年 7 月 25 日

116　中環德輔道中 285 號錦康大廈地下 A4 舖 成交價：$1780 萬 日期：2017 年 7 月 26 日

117　中環結志街 18 號地下及閣樓 成交價：$1 億 日期：2017 年 7 月 27 日

118　中環鐵行里 2 號全幢 成交價：$7000 萬 日期：2017 年 7 月 27 日

119　筲箕灣成安街 38-46 號成安大廈地下 3 號舖 成交價：$2300 萬 日期：2017 年 7 月 28 日

120　上環干諾道中 136 號舖 成交價：3900 萬 日期：2017 年 7 月 28 日

121　灣仔駱克道 233-243 號星港大廈地下 E 舖 成交價：$5300 萬 日期：2017 年 7 月 29 日

122　灣仔皇后大道東 61 號全幢 成交價：$6700 萬日期：2017 年 7 月 31 日

123　西環薄扶林道 36 至 46 號地下 4b 舖 成交價：$720 萬日期：2017 年 8 月 2 日

124　西營盤第三街 46-48 號全幢 成交價：$1.15 億 日期：2017 年 8 月 2 日

125　筲箕灣西灣河街 58 至 60 號地下 d 舖 成交價：$650 萬 日期：2017 年 8 月 2 日

126　堅道 28 號恒龍閣地下 3 號舖 成交價：$580 萬 日期：2017 年 8 月 2 日

127　大角咀埃華街 89 至 105 號大衛樓一樓 (99) 號 L1-L2 舖 成交價：$1 億 日期：2017 年 8 月 2 日

128　上環皇后大道中 367-375 號 成交價：11 億成交（以此幢大廈加 10 億現金換銅鑼灣耀華街 36-40 號 Zing 作價 21 億 日期：2017 年 8 月 4 日

129　香港灣仔皇后大道東 97 號地下 成交價：$3800 萬 日期：2017 年 8 月 4 日

130　北角錦屏街 29-35A 號地下 28 號 (31A) 舖（舖是巷仔位）成交價：$1100 萬 日期：2017 年 8 月 4 日

131　中環擺花街 13 號地庫成交價：$2230 萬（買公司）日期：2017 年 8 月 7 日

132　炮台山宏安道 18 號地下 4 號舖 成交價：$3000 萬 日期：2017 年 8 月 8 日

133　北角英皇道 692-702 號舖地下 D 舖 成交價：$1750 萬 日期：2017 年 8 月 8 日

134　香港中環士丹頓街 49 號閣樓 成交價：$1125.4 萬 日期：2017 年 8 月 9 日

135　西環德輔道西 99 號地下及閣樓 成交價：$7700 萬 日期：2017 年 8 月 10 日

136　銅鑼灣敬誠街 11 號全幢 成交價：$1.5 億 日期：2017 年 8 月 11 日

137　西環梅芳街 11 號全幢 成交價：$3610 萬 日期：2017 年 8 月 11 日

138　鰂魚涌英皇道 949 號 成交價：$3768 萬日期：2017 年 8 月 14 日

139　筲箕灣東大街 41-51 號 A2 號舖 成交價：$2800 萬 日期：2017 年 8 月 14 日

140　上環 Soho 士丹頓街 59 號地舖 成交價：$2664.7 萬日期：2017 年 8 月 14 日

141　上環普慶坊 62 至 72 號地下 6 號舖 成交價：$1658 萬日期：2017 年 8 月 15 日

142　堅尼地城爹核士街 28 至 32 號地下 C 舖 成交價：$4200 萬（未確定）日期：2017 年 8 月 15 日

143　西營盤德輔道西 155-161 號德東樓地下 C 號舖 成交價：$1500 萬 日期：2017 年 8 月 16 日

144　大角咀大全街 54 號地下 C5E3 及 C5E4 舖（近角祥街）成交價：$1458 萬 日期：2017 年 8 月 16 日

145　德輔道西 114 號全幢（高陞街交界）成交價：7400 萬 日期：2017 年 8 月 17 日

146　九龍大角咀櫸樹街 37 號全幢（埃華街及福全街之間）成交價：$1.15 億 日期：2017 年 8 月 17 日

147　筲箕灣東大街 4-10 號地下 3A 號舖 成交價：$1800 萬 日期：2017 年 8 月 18 日

148　中環皇后大道中 58-62 號振邦大廈地庫成交價：$5,498 萬 成交價：$1.3 億 日期：2017 年 8 月 20 日

149　西環第三街 46-48 號全幢 成交價：$1.15 億 日期：2017 年 8 月 22 日

150　香港西環干諾道西 92 號地舖 成交價：$6500 萬 日期：2017 年 8 月 22 日

151　香港西環干諾道西 93 號地舖 成交價：$5,498 萬 日期：2017 年 8 月 22 日

152　天后英皇道 2-4A 號舖地舖及一樓 A 舖部分 成交價：$7000 萬 日期：2017 年 8 月 22 日

153 銅鑼灣禮頓道 13 至 19 號怡興大廈地下 C 及 D 舖 成交價：1.3 億 日期：2017 年 8 月 22 日

154 中環結志街 16 號地下 A, B, C 舖（結志街／嘉咸街大單邊）成交價：$8,000 萬 日期：2017 年 8 月 24 日

155 西環士美菲路 71 至 77 號地下 2d-2e 舖 成交價：$750 萬 日期：2017 年 8 月 24 日

156 香港灣仔駱克道 233-243 號星港大廈地下 D 號舖及一樓至三樓全層連外牆（菲林明道及史劍域道之間）成交價：$2.6 億 日期：2017 年 8 月 25 日

157 北角電氣道 233 號地庫 B153 號舖 成交價：$70 萬 日期：2017 年 8 月 25 日

158 上環永樂街 26 號全幢（文華里交界，大鴻輝買入）成交價：1.56 億 日期：2017 年 8 月 28 日

159 天后蜆殼街 9-23 號秀明中心地下 C 舖（過了麥連街）成交價：6400 萬 日：2017 年 8 月 28 日

160 北角七姊妹道 14 至 16 號兆景大廈地下 B 舖 成交價：3900 萬 日期：2017 年 9 月 25 日

161 灣仔駱克道 88 號 Club King 成交價：4900 萬 日期：2017 年 10 月 3 日

162 中環歌賦街 41 號 成交價：五千萬 日期：2017 年 10 月 3 日

163 中環雲咸街 57 至 59 號 LG 成交價：2800 萬 日期：2017 年 10 月 6 日

164 西環士美菲路 45 號地下 F 舖電訊店 成交價：625 萬 日期：2017 年 10 月 17 日

165 上環新街 15 至 17 號地下 A 舖 成交價：1680 萬 日期：2017 年 10 月 18 日

166 鰂魚涌海康街 9 號地下 5 號舖 成交價：1400 萬 日期：2017 年 10 月 18 日

167 西環皇后大道西 554 至 560 號地下及 1/2 樓舖 成交價：4.5 億 日期：2017 年 10 月 18 日

168 中環般咸道 29 至 31 號地下 G 舖 成交價：1900 萬 日期：2017 年 10 月 18 日

169 西環第二街 119B 號地下 D 舖 成交價：1980 萬 日期：2017 年 10 月 19 日

170 西環干諾道西 158A 舖 成交價：5950 萬 日期：2017 年 10 月 20 日

171 筲箕灣東大街 2 號地下 2 號舖 成交價：680 萬 日期：2017 年 10 月 20 日

172 灣仔灣仔道 50A 號舖 成交價：5000 萬 日期：2017 年 10 月 22 日

173 灣仔駱克道 175 至 191 地下 9 號舖 成交價：4650 萬 日期：2017 年 10 月 22 日

174 灣仔謝斐道 182 號舖 成交價：4200 萬 日期：2017 年 10 月 22 日

175 灣仔摩利臣山道 17 號舖 成交價：2300 萬 日期：2017 年 10 月 23 日

176 上環太平山街 18B 號 成交價：1196 萬 日期：2017 年 10 月 26 日

177 鰂魚涌英皇道 985&983A 號舖 成交價：4380 萬及 4100 萬 日期：2017 年 10 月 28 日

178 灣仔太原街 22 號地下 1 號舖 成交價：4780 萬 日期：2017 年 10 月 28 日

179 灣仔謝斐道 227 號舖 成交價：2638 萬 日期：2017 年 10 月 30 日

180 灣仔 菲林明道 22 至 26 號東惠商業大廈地下 6A 舖 成交價：2800 萬 日期：2017 年 11 月 1 日

181　鰂魚涌太古城道 39 號地舖 成交價：3208 萬 日期：2017 年 11 月 2 日

182　北角春秧街 105 號地舖 成交價：2850 萬 日期：2017 年 11 月 2 日

183　灣仔 菲林明道 35 號地下 A 舖 成交價：2400 萬 日期：2017 年 11 月 3 日

184　灣仔謝斐道 307 至 311 號地下 1 號舖 成交價：5560 萬 日期：2017 年 11 月 3 日

185　中環蘇豪士丹頓街 36 號 E 舖及閣樓 成交價：3700 萬日期：2017 年 11 月 7 日

186　天后英皇道 2 至 4 號地下 D 舖及 1 樓 成交價：8500 萬 日期：2017 年 11 月 9 日

187　上環禧利街 8 號地舖 成交價：2600 萬 日期：2017 年 11 月 12 日

188　灣仔蘭杜街 7 - 11 號舖 成交價：3.1 億 日期：2017 年 11 月 14 日

189　筲箕灣東大街 128 號地下 A 舖 成交價：1680 萬 日期：2017 年 11 月 15 日

190　筲箕灣愛秩序灣愛禮街 22 號地舖 成交價：830 萬 日期：2017 年 11 月 15 日

191　中環威靈頓街 94 號全幢 成交價：2.28 億 日期：2017 年 11 月 15 日

192　灣仔安樂裡 1 至 3 號 B 舖 成交價：3500 萬 日期：2017 年 11 月 16 日

193　中環環球大廈商場 1 樓 140 號舖 成交價：2500 萬 日期：2017 年 11 月 16 日

194　香港北角七姊妹道 126 至 128 號 B 低層地下 C 舖 成交價：1460 萬 日期：2017 年
　　11 月 19 日

195　灣仔皇后大道東 46A 號舖 成交價：1.1 億 日期：2017 年 11 月 20 日

196　中環卑利街 62 至 64 號 A 舖 成交價：3000 萬 日期：2017 年 11 月 20 日

197　灣仔駱克道 123 號舖 成交價：4500 萬 日期：2017 年 11 月 27 日

198　跑馬地晉源街 16 號全幢 成交價：5380 萬 日期：2017 年 11 月 30 日

199　跑馬地聯興街 1 至 15 號壹彎地下 1 及 2 號舖 成交價：9600 萬 日期：2017 年 11 月
　　30 日

200　西營盤高街 107 號地舖 成交價：1000 萬 日期：2017 年 11 月 30 日

201　香港鴨脷洲大街 25 至 31 號年豐大廈地下 2 號舖 成交價：550 萬　日期：2017 年 12
　　月 1 日

202　筲箕灣望隆街 13 號舖 成交價：2300 萬 日期：2017 年 12 月 3 日

203　灣仔皇后大道東 136 號地下 A 及 B 舖 成交價：A 舖成交 2400 萬，B 舖成交 2800 萬
　　日期：2017 年 12 月 4 日

204　灣仔菲林明道 22 至 26 號地下 6b 舖 成交價：2450 萬 日期：2017 年 12 月 7 日

205　中環歌賦街 43 號及 41 號舖 成交價：2580 萬及 5644 萬 日期：2017 年 12 月 8 日

206　北角春秧街 93-113 號 A 舖成交價：5948 萬 日期：2017 年 12 月 15 日

207　北角馬寶道 54-76 號華禮大廈地下 G19B 舖 成交價：1043.8 萬 日期：2017 年 12 月
　　16 日

208　灣仔駱克道 420 號陳志英醫館 成交價：8400 萬日期：2017 年 12 月 18 日

209　灣仔摩利臣山道 5 至 9 號，地下入口連一及二樓舖 成交價：2.2 億 日期：2017 年 12
　　月 18 日

210　上環太平山街 6C 舖 成交價：1068 萬 日期：2017 年 12 月 18 日

211   中環卑利街 53 號吱吱咲酒成交價：$3000 萬 日期：2017 年 12 月 20 日

212   西營盤薄扶林道 21 號地舖 成交價：2400 萬 日期：2017 年 12 月 22 日

213   中環堅道 45 號 LG Shop1&2 成交價：2650 萬 日期：2017 年 12 月 26 日

214   上環東街 21 號大單邊（摩囉街交界）成交價：6000 萬 日期：2018 年 3 月 4 日

215   小西灣小西灣道 23 號富怡花園地下 16 及 17 號舖 成交價：3400 萬 日期：2018 年 3 月 9 日

216   柴灣柴灣道 341 至 343 號宏德居 B 座地下 47 至 50 號舖 成交價：3880 萬 日期：2018 年 3 月 14 日

217   西營盤德輔道西 332 號 成交價：5265 萬 日期：2018 年 3 月 18 日

218   北角京華道 9 至 27 號地下 7 號舖 成交價：860 萬 日期：2018 年 3 月 20 日

219   中環蘇豪士丹頓街 51 號地下及入則閣 成交價：4880 萬 日期：2018 年 3 月 27 日

220   中環伊利近街 4 號地舖 成交價：2500 萬 日期：2018 年 4 月 5 日

221   灣仔灣仔道 151-163 號地下 G47 號舖 成交價：3000 萬 日期：2018 年 4 月 11 日

222   鴨脷洲鴨脷洲大街三間舖 成交價：3680 萬（吉），3050 萬（餐廳）及 1780 萬（髮廊） 日期：2018 年 4 月 15 日

223   環嘉咸街 52 號地下 成交價：2900 萬 日期：2018 年 4 月 16 日

224   灣仔謝斐道 222 號地下 茶餐廳成交價：4480 萬 日期：2018 年 4 月 19 日

225   灣仔軒尼詩道 115 號港找換店 成交價：6700 萬 日期：2018 年 4 月 19 日

226   北角英皇道 277 至 291 號皇都大廈地下 1 號（連入則閣）及 2 號舖 成交價：5900 萬 及 4700 萬 日期：2018 年 4 月 20 日

227   筲箕灣東大街 59 至 99 號 6A2 舖小豬豬麵包店 成交價：2680 萬 日期：2018 年 4 月 23 日

228   灣仔謝斐道 52-58 號地下 B 舖 成交價：1893 萬 日期：2018 年 4 月 23 日

229   中環卑利街 49 號地下連 1 樓建築面積 900 呎連一樓 400 呎 成交價：4500 萬 日期：2018 年 4 月 23 日

230   西環德輔道西 68 號地下吉舖 成交價：成交 5000 萬 日期：2018 年 4 月 26 日

231   中環歌賦街 29 至 31 號地庫 成交價：$5800 萬 日期：2018 年 4 月 26 日

232   北角建華街 9 號地下 1 號舖東就車房 成交價：780 萬 日期：2018 年 4 月 27 日

233   西環皇后大道西 349 號地舖 成交價：1900 萬 日期：2018 年 4 月 27 日

234   北角英皇道 301 至 319 號地下 11 號舖 成交價：1900 萬 日期：2018 年 5 月 8 日

235   筲箕灣工廠街 28 號德福樓地下一號舖（向大德街）成交價：2700 萬 日期：2018 年 5 月 9 日

236   中環蘇豪伊利近街 18 號地舖重慶食店 成交價：4200 萬 日期：2018 年 5 月 11 日

237   中環蘇豪伊利近街 46 號地舖 成交價：1820 萬 日期：2018 年 5 月 22 日

238   天后電氣道 13—41 舖 F 舖 成交價：1850 萬 日期：2018 年 6 月 18 日

239   上環般咸道 38 號 2A 地舖洗衣店 成交價：850 萬 日期：2018 年 6 月 20 日

240　皇后大道西 11 號全幢 及 13 號地舖 成交價：6580 萬 & 3200 萬 日期：2018 年 6 月 20 日

241　北角渣華道 28 號地下 4 號舖 Tin Design 及北角渣華道 11 號裝修工程舖 成交價：4900 萬 & 2780 萬 日期：2018 年 6 月 21 日

242　中環擺花街 13 號地舖及閣樓 成交價：約 $1.8 億（價未作實）日期：2018 年 6 月 26 日

243　中環威靈頓街 57 號全幢 成交價：$1 億 1700 萬 日期：2018 年 6 月 26 日

244　西營盤桂香街 23 號舖 成交價：1650 萬 日期：2018 年 7 月 9 日

245　中環卑利街 62 至 64 號發利樓地下 b 舖 成交價：3280 萬 日期：2018 年 7 月 11 日

246　中環贊善裡 11 號地下 A 舖 成交價：2500 萬 日期：2018 年 7 月 12 日

247　中環皇后大道中 41 號聯成大廈地舖 750 呎，閣樓 500 呎，及地庫 3200 呎 成交價：4.448 億 日期：2018 年 7 月 12 日

248　筲箕灣金華街 49 號地 成交價：2950 萬 日期：2018 年 7 月 13 日

249　皇后大道西 323 號安達中心地庫，地舖，一至三樓 成交價：3.3 億 日期：2018 年 7 月 24 日

250　中環堅道 128 至 132 號堅威大廈地下 132 號舖 成交價：1500 萬 日期：2018 年 7 月 24 日

251　中環威靈頓街 92 號地下及二樓，三樓及四樓 成交價：1.98 億 日期：2018 年 7 月 29 日

252　北角英皇道 480 號昌明洋樓地下 13 號舖 成交價：1.61 億 日期：2018 年 8 月 2 日

253　西環德輔道西 61 號 成交價：3750 萬 日期：2018 年 8 月 8 日

254　香港上環太平山街 26-30 號地下 C 號舖 成交價：2800 萬 日期：2018 年 8 月 14 日

255　灣仔大王東街 22 至 30 號樹德大廈地下 2 號舖連 1 樓 A 舖 成交價：1.2 億 日期：2018 年 8 月 17 日

256　灣仔謝斐道 120-122 號銓利大廈地下 A 號舖 成交價：4200 萬 日期：2018 年 8 月 17 日

257　銅鑼灣信德街 17 號 a 舖 及 17 號 b 舖 成交價：a 舖（煥林粉麵食店成交 3700 萬，17 號 b 舖（水月成交 3118 萬）日期：2018 年 8 月 18 日

258　上環文咸東街 96 號全幢，Dr. Kong 及其他 成交價：1.38 億 日期：2018 年 8 月 20 日

259　赤柱大街 49 號地下 成交價：1708 萬 日期：2018 年 8 月 26 日

260　西環第三街 147 號地下 成交價：3000 萬 日期：2018 年 8 月 28 日

261　北角建華街 14-16 號地下 A 號舖，北方餃子 成交價：1,950 日期：2018 年 9 月 4 日

262　西環德輔道西 406D 號地下後舖 成交價：1,050 萬 日期：2018 年 9 月 9 日

263　西環德輔道西 363 號龍豐閣地庫 成交價：約 $3,800 萬 日期：2018 年 9 月 9 日

264　天后蜆殼街 6-16 號寶榮大廈地下 F 號舖 成交價：2500 萬 日期：2018 年 9 月 11 日

265　北角英皇道 277-291 號地下 34 舖 成交價：3,572.8 萬 日期：2018 年 9 月 11 日

266　筲箕灣望隆街 13 號地下 成交價：1,950 萬 日期：2018 年 9 月 12 日

267　筲箕灣筲箕灣道 191 號地下 成交價：2,500 萬 日期：2018 年 9 月 12 日

268　中環奧卑利街 21-31 號新陞大廈地下 1+2 號舖 成交價：約 $2,200 萬 日期：2018 年
　　　9 月 12 日

269　筲箕灣道 273 號地舖 成交價：3,200 萬 日期：2018 年 9 月 13 日

270　西環東邊街 38-42 號地下 C 號舖 成交價：約 1250 萬（可能係 1050 萬） 日期：2018
　　　年 9 月 13 日

271　筲箕灣南安街 67-71 號仲齊大廈地下 B 號舖，啟興紙號 成交價：約 1,920 萬 日期：2018
　　　年 9 月 13 日

272　中環嘉咸街 7 號地舖 成交價：4,800 萬 日期：2018 年 9 月 14 日

273　上環文咸東街 94 號地下及一樓 成交價：8,000 萬 日期：2018 年 9 月 17 日

274　西環卑路乍街 139-153 號金堂大廈地下 A 號舖及閣樓 成交價約 $3,300 萬 日期：
　　　2018 年 9 月 21 日

275　柴灣小西灣道 23 號富怡花園地下 49 號舖 成交價 1928 萬 日期：2018 年 9 月 26 日

276　柴灣小西灣道 18 號富景花園地下 53,56,54,57 號舖 成交價 1,910 萬 日期：2018 年 9
　　　月 26 日

277　西環士美菲路 83 號時美閣地下 2-3 號舖 成交價約 2,300 萬 日期：2018 年 9 月 26 日

278　西環士美菲路 83 號時美閣地下及一樓一號舖 成交價約 1,500 萬 日期：2018 年 9 月
　　　26 日

新界區

279　屯門仁政路 26 號地下 成交價：3500 萬 日期：2015 年 3 月 28 日

280　屯門鄉事會路 30 號舖 成交價：6500 萬 日期：2015 年 3 月 28 日

281　上水新勤街 5 號全幢（地下／閣／一樓／二樓／天台屋）舖 成交價：1800 萬，樓上
　　　580 萬 日期：2016 年 11 月 21 日

282　荃灣沙咀道 146 号 1 号舖 成交價：2630 萬 日期：2016 年 11 月 23 日

283　元朗安寧路 100 号 成交價：4000 萬 日期：2016 年 11 月 24 日

284　上水新豐街 74 號舖連入則閣 BB 用品店 成交價：1948 萬 日期：2016 年 12 月 20 日

285　荃灣路德圍 51 號 16A 舖 成交價：1460 萬 日期：2016 年 12 月 30 日

286　元朗教育路 87 号 B 成交價：1430 萬 日期：2017 年 1 月 17 日

287　荃灣怡康街海濱花園 101A 舖 成交價：2350 萬 日期：2017 年 1 月 17 日

288　荃灣二坡坊 28 號舖 成交價：2050 萬 日期：2017 年 1 月 19 日

289　元朗安樂路 13-33 號遠東發展元朗大廈 10 號舖 成交價：1380 萬 日期：2017 年 1 月
　　　20 日

290　荃灣享和街 49D 舖（小越廚）成交價：2200 萬 日期：2017 年 1 月 26 日

291　元朗屏昌徑 14 號地下 成交價：2490 萬 日期：2017 年 1 月 27 日

292　荃灣沙咀道 116B 舖 成交價：1470 萬 日期：2017 年 1 月 27 日

293　元朗福田徑 2 號舖 成交價：1650 萬 日期：2017 年 2 月 6 日

294　元朗大棠路 30 號地下 7 號 成交價：3590 萬 日期：2017 年 2 月 7 日

295　元朗裕景坊位元堂舖 成交價：7000 萬 日期：2017 年 2 月 9 日

296　屯門新墟鄉事會路 94-110 康利中心 9 號舖 成交價：1610 萬 日期：2017 年 2 月 10 日

297　荃灣怡康街海濱花園 119A&B 舖（新卓蕾茶餐廳）成交價：1338 萬 日期：2017 年 2 月中

298　元朗屏昌徑 14 至 48 號聯發大廈地下 14 號舖 成交價：1680 萬 日期：2017 年 2 月 16 日

299　元朗鳳翔路 17-31 號 49&56 舖 成交價：2420 萬 日期：2017 年 3 月 1 日

300　屯門明藝街 24A 舖 成交價：2600 萬 日期：2017 年 3 月 1 日

301　元朗同樂街 2 至 8 號地下 F 舖 成交價：2880 萬 日期：2017 年 3 月 2 日

302　屯門恆富街 23 號舖（南浪海灣 1 號舖）成交價：638 萬 日期：2017 年 3 月 2 日

303　上水新豐路 33-41 地下 1C 舖 成交價：960 萬 日期：2017 年 3 月 7 日

304　元朗屏會街 7-9 號同發大廈地下 G 舖 成交價：1760 萬 日期：2017 年 3 月 9 日

305　元朗合財街 33 號合益商業中心一期地下 13 及 24 號舖 成交價：1700 萬 日期：2017 年 3 月 9 日

306　大埔廣福道 60 至 62 號地下 ABC 舖連入則閣 成交價：1 億 4 千萬 日期：2017 年 3 月 9 日

307　元朗教育路 36-42B 舖 成交價：1 億 4500 萬 日期：2017 年 3 月 10 日

308　元朗大棠路 28 號舖 成交價：4200 萬 日期：2017 年 3 月 18 日

309　大埔富善街 7-13 號富盛大廈地下 B 舖 成交價：1490 萬 日期：2017 年 3 月 20 日

310　元朗媽橫路 45 至 67 號舖順樓地下 9 號舖連入則閣 成交價：938 萬 日期：2017 年 3 月 20 日

311　元朗鳳琴街 22 號金龍樓地下 20 號舖 成交價：4038 萬 日期：2017 年 3 月 25 日

312　荃灣四坡坊 17 號全幢 成交價：5000 萬 日期：2017 年 3 月 31 日

313　元朗屏會街 19 號幸福樓地下 01B 舖 成交價：780 萬 日期：2017 年 4 月 4 日

314　元朗鳳攸南街 3 號好順發大廈地下 3 號舖 成交價：約 3600 萬 日期：2017 年 4 月 5 日

315　大埔同發坊 1 至 3 號地下 成交價：2000 萬 日期：2017 年 4 月 8 日

316　元朗康樂路 13-25 號鈞德樓地下 7 舖 成交價：傳約 7000 萬 日期：2017 年 4 月 9 日

317　元朗安寧路 5 至 9 號地下 D 舖 成交價：2017 年 4 月 12 日 日期：3500 萬

318　大埔大明里 29-39 號金福樓地下 B 號舖 成交價：4400 萬 日期：2017 年 4 月 18 日

319　荃灣沙咀道 253 至 250 號地下連入則閣 成交價：1 億 3000 萬 日期：2017 年 4 月 19 日

320　大埔舊墟直街 9 號粵發大廈地下 2 號舖 成交價：4200 萬 日期：2017 年 4 月 20 日

321　元朗安寧路 93 至 109 號富祥樓地下 1 號舖 成交價：3088 萬 日期：2017 年 4 月 24 日

322　元朗合財街 33 號合益商業中心地下 67 號舖 成交價：1050 萬 日期：2017 年 4 月 26 日

323　元朗大棠路 23 至 27 號合益廣場地下 17 號舖 成交價：1500 萬 日期：2017 年 4 月 26 日

324 元朗鳳攸南街 9 號好順利大廈地下 3 號舖 成交價：3550 萬 日期：2017 年 4 月 26 日

325 荃灣享和街 61 號舖連自建閣 成交價：約 1800 萬 日期：2017 年 4 月 27 日

326 元朗宏發徑 8 號宏發商場地下 13 號舖 成交價：500 日期：2017 年 4 月 27 日

327 大埔寶湖道 18 號寶湖閣地下 9 號舖 成交價：1160 萬 日期：2017 年 4 月 28 日

328 元朗谷亭街 8 號地下 成交價：4000 萬 日期：2017 年 5 月 5 日

329 大埔懷仁街 3 至 13 號子莊樓地下 11 號舖 成交價：1600 萬 日期：2017 年 5 月 5 日

330 荃灣海壩街 2 至 14 號地下 A 舖 成交價：3500 萬 日期：2017 年 5 月 10 日

331 大埔南盛街 16 至 20 號南盛大廈地下 7 號舖 成交價：600 萬 日期：2017 年 5 月 10 日

332 元朗屏會街 9 號地下 B1 舖及閣樓 成交價：1700 萬 日期：2017 年 5 月 15 日

333 大埔廣福里 102 至 104 號寶基樓地下 ACDE 舖 四舖（吉）成交價：6100 萬 日期：2017 年 5 月 22 日

334 元朗鳳攸北街 2 至 6 號永富閣地下 18 號舖連自建閣 成交價：3300 萬 日期：2017 年 5 月 22 日

335 大埔廣福道 84 號（向兩面）致富證券 成交價：4650 萬 日期：2017 年 5 月 23 日

336 粉嶺和泰街 45 號舖（前後舖，近聯盛街）成交價：2350 萬 日期：2017 年 5 月 26 日

337 大圍積輝街 1 至 5 號金輝花園地下 J 舖 成交價：2480 萬 日期：2017 年 5 月 29 日

338 大埔廣福道 61 號地舖 成交價：3750 萬 日期：2017 年 6 月 7 日

339 大埔太和路 15 號太和中心地下 18 號舖 成交價：1,600 萬 日期：2017 年 6 月 10 日

340 荃灣曹公坊 1 至 7 號德仁樓地下 A 舖 連入則閣 成交價：3500 萬 日期：2017 年 6 月 13 日

341 荃灣曹公坊 6 至 10 號德仁樓地舖 A 成交價：3600 萬 日期：2017 年 6 月 14 日

342 新界上水新祥街 20 號地下及閣樓 成交價：47.9 萬 日期：2017 年 6 月 15 日

343 新界大埔靖遠街 57-59 號永隆閣地下 E 號舖 成交價：980 萬 日期：2017 年 6 月 15 日

344 荃灣享和街 43 至 59 號地下 A1 舖 成交價：1410 萬 日期：2017 年 6 月 20 日

345 元朗泰豐街 25 號地下舖（東堤街及西堤街之間）成交價：1200 萬 日期：2017 年 6 月 20 日

346 大埔墟南盛街 15 至 17 號南盛樓地下 17 號舖（寶鄉街及安富道之間）成交價：1980 萬 日期：2017 年 6 月 21 日

347 大埔寶湖道三號寶湖花園一樓 (219 及 220 舖）成交價：1.2 億 日期：2017 年 6 月 21 日

348 新界大圍積輝街 1-5 號金輝花園地下 T 號舖 成交價：2380 萬 日期：2017 年 6 月 21 日

349 元朗擊釀街 12 號地下 1B 舖 成交價：2400 日期：2017 年 6 月 22 日

350 葵涌和宜合道 1 號（葵星中心：和宜合道及青山公路大單邊），66 及 67D&E 成交價：1100 萬 日期：2017 年 6 月 23 日

351 元朗牡丹街 15 至 23 號康德閣地下 09 號舖（合財街及大棠街之間）成交價：5700 萬 日期：2017 年 6 月 28 日

352　荃灣鹹田街 46 號成安樓地下 3 號舖（德華街及沙咀道之間）成交價：3400 萬 日期：2017 年 6 月 29 日

353　元朗合財街 11 至 23 號鉅發大廈地下 1 舖（阜財街及合益路之間）成交價：5200 萬 日期：2017 年 6 月 29 日

354　荃灣西樓角路 202-216 號昌寧大廈一樓 153，154 號舖 成交價：2017 年 6 月 30 日 日期：1838 萬

355　荃灣川龍街 111 號地下（沙咀道與新村街交界）成交價：6500 萬 日期：2017 年 6 月 30 日

356　元朗合財路合益商場 59 及 72 號舖（舖向宏發徑）成交價：1063 萬 日期：2017 年 7 月 3 日

357　大圍大圍道 37 至 47 號耀寶大廈 地下 05 號舖（交界積德里）成交價：1.4 億 日期：2017 年 7 月 4 日

358　粉嶺聯捷街 2 至 10 號榮輝中心地下 2 號舖 成交價：1 億 4000 萬 日期：2017 年 7 月 4 日

359　葵涌石陰路 98-112 號地下 A 舖（小巷單邊）成交價：1860 萬 日期：2017 年 7 月 5 日

360　元朗馬田路 38 號怡豐花園地下 70 號舖 成交價：1700 萬 日期：2017 年 7 月 6 日

361　大圍積輝街 1 至 5 號金輝花園地下 i 舖 成交價：3400 萬 日期：2017 年 7 月 8 日

362　元朗馬田路 38 號怡豐花園地下 31 號舖（屋苑內舖）成交價：762 萬 日期：2017 年 7 月 10 日

363　大埔南運路 1 至 7 號富雅花園地下 1，2，7 及 8 號舖 成交價：6000 萬 日期：2017 年 7 月 10 日

364　荃灣大河道 1-17 號地下五號舖 成交價：2288 萬 日期：2017 年 7 月 11 日

365　大圍村南道 45-47 號地下 B,C 舖（楓林小館舊址，近大圍道及大圍港鐵站）成交價：3 億 日期：2017 年 7 月 12 日

366　荃灣街市街 142 至 168 號坤成樓地下 10(160) 號舖 成交價：2800 萬 日期：2017 年 7 月 16 日

367　元朗福田徑 2 至 16 號地下 4 號舖及天井（福樂徑及屏會街之間，近水邊圍邨）成交價：1780 萬 日期：2017 年 7 月 18 日

368　新界元朗擊壤路 7 號鴻福樓地下 B 號舖 成交價：4,260 萬 日期：2017 年 7 月 24 日

369　屯門仁愛堂街 30 號舖（蘭苑地下）成交價：548 萬 日期：2017 年 7 月 24 日

370　新界葵芳葵義路 15 號葵芳閣地庫停車場 1 至 17 號車位及士多房 1 至 3 及地下 56 A B C 舖 成交價：3800 萬 日期：2017 年 7 月 24 日

371　新界葵涌石文徑 8 至 18 號金珮大廈地下 03a 號舖 成交價：710 萬 日期：2017 年 7 月 26 日

372　荃灣地皇廣場 2 樓 238 號舖 成交價：30 萬 日期：2017 年 7 月 26 日

373　新界荃灣青山公路 264-289 號南豐中心 1 樓 A074 號舖 成交價：2000 萬 日期：2017 年 7 月 27 日

374 新界屯門青山公路 21-43 號遠東發展屯門大廈地下 01 號舖入口及一樓至四樓（近仁愛堂街及麒麟徑）成交價：2 億 日期：2017 年 8 月 1 日

375 屯門湖翠路 138 號啟豐商場 G39 號舖（近美樂花園／蝴蝶邨）成交價：870 萬 日期：2017 年 8 月 2 日

376 大埔翠怡街 3 號地下 2A 鋪（近翠樂街及太和路）成交價：2120 萬 日期：2017 年 8 月 2 日

377 荃灣川龍街 69-77 號地下（近鱟地坊）成交價：4400 萬（2016 年 1 月）日期：2017 年 8 月 2 日

378 荃灣曹公坊 14-36 號地下 F-Portion A 鋪及閣樓 成交價：1590 萬 日期：2017 年 8 月 2 日

379 粉嶺聯和道 65 至 73 號地下 11 號舖及閣樓（聯和道及聯昌街大單邊）成交價：6000 萬 日期：2017 年 8 月 9 日

380 新界葵涌和宜合道 1 號葵星中心低層地下 LG-050, 51, 56, 57 號舖（和宜合道及青山公路葵涌段之間）成交價：2000 萬 日期：2017 年 8 月 10 日

381 新界荃灣沙咀道 105-129 號好運唐樓地下 02(105) 號舖連閣樓（大涌道大單邊）成交價：1350 萬 日期：2017 年 8 月 10 日

382 新界將軍澳寶寧路 25 號富寧花園地下 G14 號舖 成交價：950 萬 日期：2017 年 8 月 13 日

383 荃灣青山公路 264 至 298 號南豐中心一樓 A012 舖 成交價：2868 萬 日期：2017 年 8 月 14 日

384 大埔直街（向美新里）成交價：960 萬 日期：2017 年 8 月 14 日

385 荃灣二坡坊 5 號地下及入則閣樓 成交價：2760 萬 日期：2017 年 8 月 14 日

386 元朗建業街 56-86 號聯發洋樓地下 8 號舖 成交價：2680 萬 日期：2017 年 8 月 16 日

387 大埔大榮裡 21 至 27 號康樂樓地下 G 舖及閣樓 成交價：7000 萬 日期：2017 年 8 月 16 日

388 葵涌永建路 2 號葵灣工業大廈全幢（葵喜路交界）成交價：4.2 億 日期：2017 年 8 月 17 日

389 將軍澳寶寧路 25 號富寧花園地下 G09 號舖 成交價：950 萬 日期：2017 年 8 月 17 日

390 將軍澳寶琳北路 1 號康盛花園商場 1 樓 106-109 號舖 成交價：950 萬 日期：2017 年 8 月 18 日

391 大埔太和中心太和路 15 號地下 成交價：2,300 萬 日期：2017 年 8 月 22 日

392 西貢敬民街 28 號 成交價：1,000 萬 日期：2017 年 8 月 22 日

393 屯門新安街 2 號富益商業大廈低層及高層地下（近屯門物流中心）成交價：4,600 萬 日期：2017 年 8 月 24 日

394 馬鞍山恆明街 2 號聽濤雅苑地下幼稚園 Kindergarten 舖 成交價：6000 萬 日期：2017 年 8 月 25 日

395　元朗教育路兩間舖 成交價：2300 萬及 1.15 億 日期：2017 年 10 月 16 日

396　屯門鄉事會路 28 至 38 號地下 E 舖 成交價：7868 萬 日期：2017 年 10 月 18 日

397　荃灣街市街蘊崇大廈傢俬舖 成交價：3060 萬 日期：2017 年 10 月 24 日

398　元朗安寧路 5 至 9 號地舖 A 成交價：3480 萬 日期：2017 年 11 月 9 日

399　洪水橋大街 1 號地下 13 號舖 成交價：665 萬 日期：2017 年 11 月 9 日

400　將軍澳唐俊街 11 號寶盈花園地下 S12A 舖 成交價：2680 萬 日期：2017 年 11 月 10 日

401　上水新功街 18 號舖 成交價：4200 萬 日期：2017 年 11 月 12 日

402　將軍澳唐俊街 11 號寶盈花園地下 S11&11A 鋪舖 成交價：4580 萬 日期：2017 年 11 月 15 日

403　西貢宜春街 24 號舖 成交價：2200 萬 日期：2017 年 11 月 15 日

404　上水新康街 35 號及巷仔街 6 號全幢 成交價：6200 萬 日期：2017 年 11 月 15 日

405　元朗青山公路 1 至 15 號珍珠樓地下 3 號舖 成交價：3300 萬 日期：2017 年 11 月 17 日

406　屯門青山公路青山灣段 385 號嘉喜利人廈地下 15 號舖 成交價：2780 萬 日期：2017 年 11 月 21 日

407　屯門青山公路彩華花園地下 7 號舖 成交價：600 萬 日期：2017 年 11 月 21 日

408　天水圍天秀湖路 1 號嘉湖新北江商場 C42B 商舖 成交價：1500 萬 日期：2017 年 11 月 22 日

409　天水圍天秀路 8 號天一商城一樓 1038 號商舖 成交價：664.8 萬 日期：2017 年 11 月 22 日

410　大埔翠怡街 3 號翠怡花園 22 舖 成交價：1100 萬 日期：2017 年 11 月 23 日

411　葵涌光輝圍 39A 昌偉大廈地下 30 號舖 成交價：1100 萬 日期：2017 年 11 月 24 日

412　屯門鄉事會路 112 至 140 號雅都花園地下 6 號舖 成交價：2380 萬 日期：2017 年 11 月 29 日

413　上水龍琛路 33 號龍豐商場地下 32 號舖 成交價：2650 萬 日期：2017 年 11 月 29 日

414　荃灣鱟地坊 80-84 號士林食肆地下 B4 舖 成交價：840 萬 日期：2017 年 11 月 30 日

415　葵涌青山公路葵涌段 523 號地舖 成交價：750 萬 日期：2017 年 12 月 5 日

416　元朗牡丹街 2 至 20 號合益廣場 1 樓 B120&123 號舖 成交價：700 萬及 530 萬 日期：2017 年 12 月 7 日

417　元朗又新街又一新城 1 樓 27 及 28 號舖 成交價：175.8 萬 日期：2017 年 12 月 7 日

418　元朗鳳攸南街 9 號好順利大廈地下 22 號舖 成交價：850 萬 日期：2017 年 12 月 7 日

419　荃灣海壩街 123 號荃立方地下 1 號舖 成交價：2600 萬 日期：2017 年 12 月 15 日

420　大埔靖遠街 51 號舖 成交價：1200 萬 日期：2017 年 12 月 19 日

421　大埔衍慶街 59-61(B) 號及 63-65（A)號 成交價：1500 萬及 1600 萬 日期：2017 年 12 月 20 日

422　上水新成路 63 號及 29 號 成交價：2880 萬及 2580 萬 日期：2018 年 2 月 13 日

423　上水巡撫街 4 號陳六記飯店 成交價：3080 萬 日期：2018 年 2 月 13 日

424　元朗炮仗坊 27 號海棠餐廳 成交價：2800 萬 日期：2018 年 3 月 22 日

425　大埔大明里 29-39 號金福樓地下 F 舖 成交價：3550 萬 日期：2018 年 3 月 7 日

426　荃灣昌安中心地下 11 號舖 成交價：1000 萬 日期：2018 年 4 月 6 日

427　屯門德政圍 29 號舖 成交價：2800 萬 日期：2018 年 4 月 7 日

428　屯門啟民徑 13-16 美恆大廈地下 12 舖 成交價：8900 萬 日期：2018 年 4 月 7 日

429　葵芳禮芳街 5 至 23 號葵福大廈地下 8 號舖 成交價：1570 萬 日期：2018 年 4 月 10 日

430　葵芳盛芳街 38 至 44 號寬德大廈地下 1 號舖 成交價：1230 萬 日期：2018 年 4 月 10 日

431　大圍大圍道 54 至 58 號禮明樓地下 C 號舖 成交價：5330 萬 日期：2018 年 4 月 10 日

432　屯門青善街 4 至 70 號康góly花園地下 25 號舖 成交價：1660 萬 日期：2018 年 4 月 11 日

433　荃灣大壩街 5 至 7 號仁蕙苑，地下 6 號舖 成交價：1750 萬 日期：2018 年 4 月 16 日

434　屯門井財街 9 號錦發大廈地下 18 號舖 成交價：700 萬 日期：2018 年 4 月 19 日

435　荃灣三陂坊安安樓地下 16 號舖 成交價：3380 萬 日期：2018 年 4 月 20 日

436　荃灣川龍街 95 號地下 成交價：7800 萬 日期：2018 年 4 月 20 日

437　上水智昌街 8 號順欣花園地下 5E 號舖 成交價：1520 萬 日期：2018 年 4 月 21 日

438　上水新豐路 122 號正康藥店 成交價：9000 萬 日期：2018 年 4 月 21 日

439　元朗建德街 26 號益利大廈地下 9 號舖 成交價：1099 萬 日期：2018 年 4 月 24 日

440　大圍積信街 69-75 號立和樓地下 A 舖連入則閣 成交價：2745 萬 日期：2018 年 4 月 25 日

441　大圍積福街 68 至 74 號金輝閣地下 D 舖 成交價：6600 萬 日期：2018 年 4 月 25 日

442　荃灣眾安街 98 號六福珠寶 成交價：8850 萬 日期：2018 年 4 月 26 日

443　石門京瑞廣場一期及二期 2018 年 14 間舖 成交價：1220 萬至 7565 萬 日期：2018 年 5 月 1 日

444　元朗教育路 63 至 69 號福照樓地下 4 號舖 成交價：3880 萬 日期：2018 年 5 月 4 日

445　大圍積存街 60 至 68 號全幢 成交價：2 億元 日期：2018 年 5 月 24 日

446　屯門青山坊 2 號壹號總站地舖及一樓 3 間舖 成交價：地舖約 1850 萬，樓上 72 萬至 105 萬 日期：2018 年 5 月 29 日

447　大埔運頭角里 6 號美楓大廈地下 c 號舖 成交價：3450 萬 日期：2018 年 6 月 6 日

448　大圍積信街 18 至 24 號喜悅樓地下 A3(22 號) 舖 成交價：2680 萬日期：2018 年 6 月 11 日

449　大埔大明里 1-27 號地下 2 號 成交價：8280 萬 日期：2018 年 6 月 14 日

450　元朗屏輝徑 2-44 號良財樓地下 3 號舖及 17 號舖 成交價：780 萬及 880 萬 日期：2018 年 6 月 21 日

451　荃灣大河道 91 至 97 號天保大廈地下 F 舖 成交價：4250 萬 日期：2018 年 6 月 21 日

452　大埔富善街 6 至 14 號永祥大廈地下 D1 舖入口連一樓全層（地下內衣舖及樓上基督葡萄 成交價：3400 萬 日期：2018 年 6 月 24 日

453　葵涌和宜合道 138 至 184 號瑞景大廈地下 17 號舖 成交價：1100 萬 日期：2018 年 6 月 28 日

454　屯門青翠徑 9 號多寶大廈地下 G38 號 成交價：1280 萬 日期：2018 年 7 月 10 日

455　荃灣新村街 40 號 B 成交價：3500 萬 日期：2018 年 7 月 17 日

456　西貢萬年街 100 號舖，萬年街 98 號，海傍街 43 號 成交價：3500 萬，3500 萬，1600 萬 日期：2018 年 8 月 14 日

457　西貢海傍廣場 2 號地下 08 號舖 成交價：2100 萬 日期：2018 年 8 月 15 日

458　屯門屯門鄉事會路 28-38 號冠興樓地下 C 號舖及入則閣 成交價：7,600 萬 日期：2018 年 9 月 4 日

459　屯門青桃徑 5 號文翔大廈地下 NORTH SIDE #2 號舖 成交價：3,380 萬 日期：2018 年 9 月 4 日

460　天水圍天湖路 1 號新北江商場 2 期(G 場)地下 G-RESERVED 號舖 成交價：1.39 億 日期：2018 年 9 月 4 日

461　大圍積輝街 1-5 號金輝花園地下 A 號舖 成交價：3,380 萬 日期：2018 年 9 月 5 日

462　大埔大光里 7-9 號平安樓地下 H 號舖 成交價：7,800 萬 日期：2018 年 9 月 5 日

463　荃灣路德圍 8-12 號啟志樓地下 1 號舖 成交價：7,380 萬 日期：2018 年 9 月 6 日

464　荃灣海壩街 105-111 號昌禧大廈地下 1B 號舖 成交價：2600 萬 日期：2018 年 9 月 18 日

465　元朗福田徑 2-16 號樂富大廈地下 09 號舖 成交價：1,220 萬 日期：2018 年 9 月 20 日

466　葵興葵涌道 1001 號德昌大廈地下 29 號舖 成交價：2,050 萬 日期：2018 年 9 月 23 日

467　荃灣荃景圍 86 號荃灣中心商場二期 11 至 14 座基座舖位 成交價：2.75 億 日期 2018 年 10 月 1 日

九龍區

468　偉晴街 22 號成交價 / 日期：2014 年 12 月成交價：1660 萬 及 2013 年 8 月 成交價：1000 萬

469　九龍城龍崗道 6 号 成交價：1500 萬 日期：2015 年 5 月

470　尖沙咀亞土厘道 成交價：9800 萬 日期：2015 年 6 月

471　九龍九龍城太子道西 388 號 成交價：4200 萬 日期：2015 年 10 月 16 日

472　新蒲崗錦榮街 26 号地下 9 号舖 成交價：1650 萬 日期：2016 年 12 月 9 日

473　彌敦道 81 號地庫 成交價：6200 萬 日期：2016 年 12 月 13 日

474　旺角彌敦道 578 至 580 號地下 1 及 2 號舖 成交價：1.05 億 日期：2017 年 1 月 1 日

475　佐敦德成街 1A 號百安大廈 E2B 舖 成交價：5500 萬 日期：2017 年 1 月 1 日

476　新蒲崗錦榮街慶樺小廚 成交價：3800 萬 日期：2017 年 1 月 4 日

477　九龍城太子道西 448 號太子匯前甜品舖 成交價：1778 萬 日期：2017 年 1 月 15 日

478　土瓜灣落山道 96 至 106 號 成交價：780 萬 日期：2017 年 1 月 18 日

479　太子大南街 56 號舖 成交價：600 萬 日期：2017 年 1 月 20 日

480　旺角上海街 710A 舖 成交價：約 3500 萬 日期：2017 年 1 月 23 日

481　九龍城賈炳達道 63 號舖 成交價：1350 萬 日期：2017 年 1 月 25 日

482　長沙灣青山道 277 号 成交價：2860 萬 日期：2017 年 1 月 27 日

483　深水埗順寧道 26 至 36 號 成交價：1680 萬 日期：2017 年 1 月 27 日

484　佐敦吳松街 53D(舖向西貢街) 成交價：968 萬 日期：2017 年 1 月 27 日

485　九龍城獅子石道 17 號舖 - 吉舖（門闊 15 呎，深 55 呎）成交價：1920 萬 日期：
　　2017 年 2 月 10 日

486　深水埗福華街 161 號地下 33 號舖卓越地產 成交價：1230 萬 日期：2017 年 2 月 2 日

487　新蒲崗景福街 85 號舖（周老闆食堂）成交價：1500 萬 日期：2017 年 2 月 3 日

488　佐敦砲台街 47 號（昌盛木板）成交價：1900 萬 日期：2017 年 2 月 6 日

489　觀塘康寧道 55 號地下 6 至 7 號舖 成交價：790 萬 日期：2017 年 2 月 7 日

490　深水埗鴨寮街 161 號地舖及鴨寮街 153 號 成交價：1230 萬及 3480 萬 日期：2017
　　年 2 月 8 日

491　九龍城龍崗道 31 號 成交價：1980 萬 日期：2017 年 2 月 13 日

492　尖沙咀金馬倫道 16 號 成交價：980 萬 日期：2017 年 2 月 14 日

493　長沙灣順寧道 277 號三間舖 成交價：7000 萬 日期：2017 年 2 月中

494　深水埗界限街 2 號界限大廈地下 6 及 7 號舖 成交價：車房 1500 萬 日期：2017 年 2
　　月 16 日

495　太子基隆街 2-16 号地下 8 号舖 (7-11) 成交價：2380 萬 日期：2017 年 2 月 17 日

496　深水埗荔枝角道 215 號 C 舖 成交價：1480 萬 日期：2017 年 2 月 17 日

497　旺角新填地街 482 至 488 號地下 4B 舖（德高建材）成交價：2280 萬 日期：2017 年
　　2 月 18 日

498　旺角彌敦道 701 號地下 H 舖 成交價：1950 萬 日期：2017 年 2 月 23 日

499　深水埗順寧道 475 號 A 舖，三間舖 成交價：約 2000 萬 日期：2017 年 2 月 27 日

500　佐敦文英街文輝樓 成交價：260 萬 日期：2017 年 2 月 27 日

501　深水埗海壇街 188 號 - 樂記電業舖（門闊 18 呎，深 70 呎）成交價：2300 萬 日期：
　　2017 年 2 月 28 日

502　深水埗福榮街 46 號地下連入則閣 - Kanto Hobby（門闊 15 呎，深 72 呎）成交價：
　　2830 萬 日期：2017 年 2 月 28 日

503　深水埗長沙灣道 127 號 G 舖髮廊 成交價：850 萬 日期：2017 年 2 月 28 日

504　黃大仙環鳳街 40 至 44 號地下 C 成交價：3500 萬 日期：2017 年 2 月 28 日

505　深水埗荔枝角道 311 號 A 舖 - 吉舖（前名店髮廊 ： 闊 13 呎，深 60 呎）成交價：
　　1450 萬 日期：2017 年 3 月 1 日

506　深水埗順寧道 25B 和豐大廈 6 號舖 成交價：628 萬 日期：2017 年 3 月 1 日

507　旺角洗衣街 165 號舖 成交價：5250 萬 日期：2017 年 3 月 2 日

508　紅磡差館里 15B3 舖，水漾衣坊（門闊 10 呎，深 9 呎）成交價：608 萬 日期：2017 年 3 月 3 日

509　土瓜灣忠正街 13 號 - 恆富車房（門闊 14 呎，深 30 呎）成交價：480 萬 日期：2017 年 3 月 6 日

510　觀塘康寧道 55 號康寧商場 1-5 號舖（門闊 14 呎，深 52 呎）成交價：2600 萬 日期：2017 年 3 月 6 日

511　尖沙咀棉登徑 13-15 號地庫 - 吉舖（門闊 31 呎，深 56 呎）成交價：1980 萬 日期：2017 年 3 月 6 日

512　旺角亞皆老街 2 號 5 號舖 - 噹鮮壽司（門闊 9 呎，約深 22 呎）成交價：1280 萬 日期：2017 年 3 月 7 日

513　新蒲崗富源街 3-11 號地下 C 舖 知味館火鍋（門闊 13 呎，深 50 呎）成交價：530 萬 日期：2017 年 3 月 9 日

514　長沙灣昌華街 41 至 51 號地下 10A 舖 吉舖（門闊 9 呎，深 15 呎）成交價：500 萬 日期：2017 年 3 月 13 日

515　尖沙咀漆咸道 29 至 31 號 10,11,12B 舖（向嚇德道）成交價：7350 萬 日期：2017 年 3 月 13 日

516　新蒲崗衍慶街 9 至 19 號 A 地下 10 號舖 成交價：480 萬 日期：2017 年 3 月 16 日

517　旺角白布街 2 至 24 號地下 11 號舖 成交價：2828 萬 日期：2017 年 3 月 17 日

518　沙咀漆咸道南 33 至 35 號友聯大廈地下 5 號舖 成交價：約 2480 萬 日期：2017 年 3 月 17 日

519　油麻地新填地街 146 號舖 成交價：2225 萬 日期：2017 年 3 月 21 日

520　尖沙咀漆咸道南 29 至 31 號溫莎大廈地下 3 4 5 6 號舖 成交價：9500 萬 日期：2017 年 3 月 27 日

521　享和街 16 至 22 號嘉華樓地下 E13 號舖 成交價：687 萬 日期：2017 年 3 月 27 日

522　佐敦吳淞街 139 號 成交價：3600 萬 日期：2017 年 3 月 28 日

523　觀塘康寧道 91 至 103 號地下 9 號舖 成交價：1600 萬 日期：2017 年 3 月 28 日

524　旺角亞皆老街 83 號先達廣場地下 G100 號舖 成交價：500 萬 日期：2017 年 3 月 28 日

525　佐敦文英樓 26 至 48 號地下 成交價：300 幾萬 日期：2017 年 3 月 29 日

526　深水埗黃竹街 2 號連入則閣 四租客 成交價：1297 萬 日期：2017 年 3 月 29 日

527　九龍城龍崗道 14 號地下 5 號舖 成交價：280 萬 日期：2017 年 3 月 31 日

528　旺角染布房街 12 至 14 號地下 C 舖 成交價：4000 萬 日期：2017 年 4 月 5 日

529　佐敦廟街 200 號 成交價：1400 萬 日期：2017 年 4 月 6 日

530　旺角亞皆老街 2A 及 2B 舖地下及 1 樓 成交價：1 億 1700 萬 日期：2017 年 4 月 6 日

531　深水埗海壇街 200 號地下連入則閣 成交價：1280 萬 日期：2017 年 4 月 6 日

532　長沙灣長發街 28D 舖 成交價：1930 萬 日期：2017 年 4 月 18 日

533　深水埗元州街 18 號地舖 成交價：約 2200 萬 日期：2017 年 4 月 19 日

534　九龍城侯王道 11 至 13 號地下（太子道西及衙前圍道之間）成交價：5638 萬 日期：2017 年 4 月 20 日

535　九龍油麻地碧街 33 至 39A 號地下 A1 舖 成交價：1200 萬 日期：2017 年 4 月 23 日

536　紅磡馬頭圍道 37 至 39 號紅磡商業中心地下 42 號舖 成交價：5500 萬 日期：2017 年 4 月 24 日

537　九龍新蒲崗康強街地下 21 號舖 成交價：2800 萬 日期：2017 年 4 月 25 日

538　九龍新蒲崗景福街 99 號 B2A 舖（向爵祿街）成交價：2200 萬 日期：2017 年 4 月 25 日

539　深水埗元州街 1 號 成交價：3050 萬 日期：2017 年 4 月 26 日

540　九龍城衙前圍道 5 至 7 號 A 地下 C 號舖連入則閣 成交價：2600 萬 日期：2017 年 4 月 26 日

541　太子太子道 160 號地下 B 舖 成交價：695 日期：2017 年 4 月 27 日

542　九龍城獅子石道 65 號地下 1 至 8 號舖 成交價：3700 萬 日期：2017 年 5 月 2 日

543　九龍土瓜灣落山道 5 號舖（向九龍城道）成交價：5920 萬 日期：2017 年 5 月 2 日

544　佐敦上海街 56 號地下連入則閣 地舖吉（閣樓衣服）成交價：3000 萬 日期：2017 年 5 月 5 日

545　尖沙咀厚福街 9 號地庫及地下入口 成交價：4800 萬 日期：2017 年 5 月 9 日

546　荔枝角道 140 號地舖 成交價：1600 萬 日期：2017 年 5 月 9 日

547　佐敦廟街 123 至 127 號時勝大廈地下 B2 舖 成交價：500 萬 日期：2017 年 5 月 11 日

548　旺角洗衣街 201 號地舖連入則閣 成交價：3190 萬 日期：2017 年 5 月 15 日

549　太子界限街 29 號舖 成交價：1650 萬 日期：2017 年 5 月 16 日

550　深水埗桂林街 95 號地舖 成交價：4998 萬 日期：2017 年 5 月 20 日

551　深水埗基隆街 282 號 成交價：2538 萬 日期：2017 年 5 月 22 日

552　佐敦寧波街（向白加士街）27-31 號舖 成交價：3650 萬 日期：2017 年 5 月 24 日

553　深水埗福榮街 159 號地下 4 號舖（欽州街大單邊）成交價：$1397 萬 日期：2017 年 6 月 6 日

554　九龍旺角砵蘭街 127-129 號地下 C2 號舖 成交價：3300 萬 日期：2017 年 6 月 7 日

555　土瓜灣馬頭圍道 428A 舖，美善閣地下吉舖 成交價：2800 萬 日期：2017 年 6 月 7 日

556　深水埗福榮街 153 至 159 號地下 4A 號舖（近欽州街）成交價：$550 萬 日期：2017 年 6 月 8 日

557　尖沙咀漆咸道南 29 至 31 號溫莎大廈地下 12A 舖 成交價：2201 日期：2017 年 6 月 9 日

558　佐敦砲台街 87 號地舖 多名租客 成交價：2038 萬 日期：2017 年 6 月 10 日

559　九龍油麻地彌敦道 495-497A 號麗星大廈地下 A1 號舖 成交價：約 $930 萬 日期：2017 年 6 月 12 日

560　旺角廣華街 1 號仁安大廈地下 14A 舖 成交價：$2200 萬 日期：2017 年 6 月 13 日

561　觀塘協和街 169-197 號（協和街 169）地下 28 號舖 成交價：3980 萬 日期：2017 年 6 月 14 日

562　尖沙咀海防道 32-34 號寶豐大廈地下 D 舖連閣樓 成交價：約 $3 億 日期：2017 年 6 月 14 日

563　尖沙咀金巴利道 27-33 號永利大廈地下連入則閣 成交價：$2.06 億 日期：2017 年 6 月 14 日

564　尖沙咀海防道 32 至 34 號寶豐大廈地下 d 舖連閣樓 成交價：約 3 億 日期：2017 年 6 月 14 日

565　深水埗大南街 132 號舖（楓樹街及白楊街之間）成交價：約 1560 萬 日期：2017 年 6 月 14 日

566　深水埗大南街 132 號舖（楓樹街及白楊街之間）成交價：1560 萬 日期：2017 年 6 月 14 日

567　大角嘴晏架街 14 號 成交價：$1198 萬 日期：2017 年 6 月 14 日

568　九龍九龍城太子道西 394 號地下 成交價：$2,500 萬 日期：2017 年 6 月 15 日

569　佐敦上海街 86-94 號敦成大廈地下 B&C（90,92）號舖 成交價：$66 日期：2017 年 6 月 15 日

570　佐敦閩街 5 号 成交價：2290 萬 日期：2017 年 6 月 15 日

571　大全街 54 號地下 C5e1 及 C5e2 號舖 成交價：1003 萬 日期：2017 年 6 月 15 日

572　九龍旺角登打士街 37 號地下 成交價：約 $8410 萬 日期：2017 年 6 月 15 日

573　大全街 54 號地下 c5e1 及 c5e2 舖（角祥街單邊）成交價：$1003 萬 日期：2017 年 6 月 15 日

574　土瓜灣九龍城道 181 號舖 成交價：1300 萬 日期：2017 年 6 月 16 日

575　九龍城龍崗道 57 號地下 成交價：約 $1790 萬 日期：2017 年 6 月 17 日

576　土瓜灣木廠街 36 號聯明興工業大廈 S 舖 成交價：1500 萬 日期：2017 年 6 月 17 日

577　土瓜灣馬頭圍道 428A 舖，美善閣地下 成交價：2800 萬 日期：2017 年 6 月 17 日

578　深水埗醫局街 203 號地舖 成交價：2100 萬 日期：2017 年 6 月 19 日

579　深水埗元州街 146 至 150 號地下 B 舖 成交價：2900 日期：2017 年 6 月 19 日

580　旺角砵蘭街 52 成交價：6300 萬 日期：2017 年 6 月 19 日

581　吳松街 122 號利際商業大廈 1、2、3 成交價：4200 萬 日期：2017 年 6 月 19 日

582　尖沙咀彌敦道 83 至 97 號華源大廈地下 13 號舖 成交價：880 萬 日期：2017 年 6 月 19 日

583　深水埗元州街 153 號舖 成交價：4600 日期：2017 年 6 月 19 日

584　上海街 86-94 號敦成大廈地下 B&C 舖 成交價：6600 萬 日期：2017 年 6 月 19 日

585　尖沙咀彌敦道 83 至 97 號華源大廈地下 13 號舖 成交價：880 萬 日期：2017 年 6 月 19 日

586　旺角砵蘭街 52 號 成交價：約 6300 萬 日期：2017 年 6 月 19 日

587　荔枝角道 142 號舖 成交價：約 1800 萬 日期：2017 年 6 月 19 日

588　深水埗元州街 146 至 150 號地下 B 舖 成交價：約 2900 萬 日期：2017 年 6 月 19 日

589　深水埗元州街 153 號舖 成交價：約 4600 萬 日期：2017 年 6 月 20 日

590　深水埗福華街 131 號地下 成交價：約 2228 萬 日期：2017 年 6 月 20 日

591　黃大仙翠鳳街 38 號地下舖 成交價：約 710 萬 日期：2017 年 6 月 20 日

592　佐敦廣東道 608 號地下 1 號舖 成交價：1625 萬 日期：2017 年 6 月 20 日

593　太子花墟道 46 號舖 成交價：4200 萬 日期：2017 年 6 月 21 日

594　深水埗通洲街 306 號地下（九江街及欽州街西之間）成交價：1360 萬 日期：2017 年 6 月 21 日

595　荔枝角道 99 至 101 號全幢連地舖 成交價：$1.66 億 日期：2017 年 6 月 22 日

596　觀塘廣場 M21 舖 成交價：$3000 萬 日期：2017 年 6 月 22 日

597　長沙灣永隆街 9 號地下 D 舖 成交價：$1200 萬 日期：2017 年 6 月 23 日

598　深水埗醫局街 203a（欽州街及桂林街之間）成交價：$2100 萬 日期：2017 年 6 月 26 日

599　九龍深水埗南昌街 168 至 170 號地下 168 號舖（福榮街及福華街之間）成交價：$1750 萬 日期：2017 年 6 月 27 日

600　九龍深水埗順寧道 26 至 36 號地下 12 號舖（營盤街及東沙島街之間）成交價：$510 萬 日期：2017 年 6 月 27 日

601　九龍深水埗北河街 72 號地下（基隆街及大南街之間）成交價：$2800 萬 日期：2017 年 6 月 27 日

602　旺角長旺道 7 號地下（旺角道及亞皆老街之間）成交價：$1850 萬 日期：2017 年 6 月 27 日

603　九龍紅磡鶴園街 12a 號地下連閣樓（機利士北路及馬頭圍道之間）成交價：$3450 萬 日期：2017 年 6 月 27 日

604　彌敦道 86 至 88 號安樂大廈地下 ABC 舖及 1/2 樓全層（金馬倫道及加連威老道之間）成交價：約 $7 億 日期：2017 年 6 月 27 日

605　旺角廣華街 3 號百利達廣場地庫（向煙廠街）成交價：$9000 萬 日期：2017 年 6 月 28 日

606　九龍城聯合道 52 號地舖連入則閣（賈炳達道及衙前圍道之間）成交價：$2398 萬 日期：2017 年 6 月 29 日

607　觀塘聯安街 9 至 15 號地下 3c 舖連閣樓（牛頭角道及宜安街之間）成交價：$3030 萬 日期：2017 年 6 月 29 日

608　旺角黑布街 99-99C 號昌明大廈地下 C 號舖 成交價：$3200 萬 日期：2017 年 6 月 29 日

609　深水埗楓樹街 4 號三英大廈地下（福華街與大埔道之間）成交價：600 萬 日期：2017 年 6 月 29 日

610　太子塘尾道 184 號地下（太子道西及雅蘭街之間）成交價：1160 萬 日期：2017 年 7 月 2 日

611 九龍灣土瓜灣道 72 號（落山道及浙江街之間）成交價：1530 萬 日期：2017 年 7 月 2 日

612 九龍灣土瓜灣道 70a 成交價：2300 萬 日期：2017 年 7 月 2 日

613 界限街 40 至 42 號亞洲大廈地下 B 舖（大單邊，界限街及 西洋菜北街）成交價：2300 萬 日期：2017 年 7 月 3 日

614 旺角太平道 11-19 號低層地下 17 號舖（亞皆老街及自由道之間）成交價：1800 萬 日期：2017 年 7 月 3 日

615 九龍新蒲崗崇齡街 20 至 34A 號地下 6(24) 號舖 成交價：1980 萬 日期：2017 年 7 月 4 日

616 九龍城聯合道 6 號地下（太子道西及岩前圍道之間）成交價：5000 萬 日期：2017 年 7 月 4 日

617 九龍城獅子石道 61 至 63 號地下 1 及 2 號舖（商場入口位，岩前圍道及賈炳達道之間）成交價：1350 萬 日期：2017 年 7 月 4 日

618 新填地街 38 至 40 號地下 成交價：$3480 萬 日期：2017 年 7 月 4 日

619 旺角亞皆老街 109 至 111 號皆旺商業大廈地下 6 號舖（舖向洗衣街）成交價：1510 萬 日期：2017 年 7 月 5 日

620 旺角彌敦道 594 至 596 號全幢 成交價：8.5 億 日期：2017 年 7 月 6 日

621 深水埗桂林街 129 至 131 號地下 C 舖（舖向鴨寮街，港鐵出口則）成交價：5800 萬 日期：2017 年 7 月 6 日

622 亞皆老街 25 至 27 號俊興樓地下 A 舖（對直燈位，近新填地街）成交價：5080 萬 日期：2017 年 7 月 10 日

623 旺角上海街 595 號安美大廈地下 A 舖及 1 樓，翠河餐廳（近亞皆老街，面向朗豪坊）成交價：1.23 億 日期：2017 年 7 月 17 日

624 深水埗福榮街 136 號 成交價：1900 萬 日期：2017 年 7 月 17 日

625 尖沙咀厚福街 7 號（舖是住宅契，大門橫丁對面）成交價：6500 萬 日期：2017 年 7 月 17 日

626 堪富利士道 8A-8K 號地下 O 舖（彌敦道及加拿芬道之間，近尖沙咀港鐵站）成交價：2500 萬 日期：2017 年 7 月 18 日

627 美孚蘭秀道 17-36 號美孚新村第六期地下 N44B 號舖（萬事達廣場對面，美孚地鐵站側側，美荔道對入）成交價：1900 萬 日期：2017 年 7 月 18 日

628 新蒲崗錦榮街 33 號地下 G 舖號舖（衍慶街＋崇齡街之間，大財利麻雀館側，近新蒲崗廣場）成交價：2000 萬 日期：2017 年 7 月 18 日

629 深水埗大埔道 13-15 號地下 B2 號舖 成交價：788 萬 日期：2017 年 7 月 19 日

630 觀塘偉業街 147 號地下（地廠，巧明街及勵業街之間）成交價：4650 萬 日期：2017 年 7 月 19 日

631 土瓜灣九龍城道 10-16 號 A, B 號舖（土瓜灣街市側，工聯會業餘課程中心後面，寶馬汽車廠對面）成交價：2600 萬 日期：2017 年 7 月 19 日

632　新蒲崗爵祿街 98 號地下 C 號舖及 1 樓 成交價：4500 萬 日期：2017 年 7 月 20 日

633　深水埗醫局街 94-98 號地下 1 號舖 成交價：500 萬 日期：2017 年 7 月 20 日

634　九龍城聯合道 6 號成交價：5000 萬 日期：2017 年 7 月 20 日

635　九龍黃大仙鳴鳳街 52 號地下（雙鳳街及沙田坳道之間）成交價：1190 萬 日期：2017 年 7 月 24 日

636　深水埗順寧道 15 號地下 1 號舖（九江街及營盤街之間）成交價：1120 萬 日期：2017 年 7 月 24 日

637　深水埗界限街 10L-12 號地下 7 號舖 成交價：550 萬 日期：2017 年 7 月 26 日

638　佐敦德成街 1A 號百安大廈地下 E7B 號舖（商場內舖）成交價：609 萬日期：2017 年 7 月 28 日

639　佐敦官涌街 10-12 號地下及閣樓 成交價：5500 萬日期：2017 年 7 月 28 日

640　新蒲崗衍慶街 51 至 53 號全幢（近彩虹道）成交價：7500 萬日期：2017 年 7 月 29 日

641　深水埗北河街 123 號（汝州街及鴨寮街之間，近港鐵出口）成交價：2000 萬日期：2017 年 7 月 31 日

642　九龍油麻地碧街 1 至 7 號碧街大廈地下 D7 號舖（東安街及渡船之間）成交價：1020 萬 日期：2017 年 7 月 31 日

643　土瓜灣土瓜灣道 78 至 80w 號地下 56 號舖（舖向長寧街，近上鄉道）成交價：1000 萬日期：2017 年 7 月 31 日

644　旺角運動場道 21-27 號 1 樓 A-D 號舖及平台成交價：4730 萬日期：2017 年 7 月 31 日

645　深水埗兼善里 6 號（昌華街及青山道之間）成交價：750 萬 日期：2017 年 8 月 1 日

646　深水埗青山道 155-181 號天悅廣場（鴻裕大廈）地下 B03 舖（青山道及營盤街大單邊）成交價：3700 萬 日期：2017 年 8 月 1 日

647　深水埗青山道／元州街 162 至 180 號天悅廣場地下 A6，A16，A19，A20 舖（營盤街及東沙島街之間，舖向元州街）成交價：3800 萬日期：2017 年 8 月 1 日

648　油麻地東方街 11 號 11A 舖成交價：800 萬日期：2017 年 8 月 2 日

649　旺角煙廠街 33 號朗廷軒地下 A 舖（花園街及廣華街之間）成交價：3600 萬日期：2017 年 8 月 3 日

650　旺角亞皆老街 39 至 41 號金山商業大廈地下 6 號舖（對正朗豪坊）成交價：3700 萬日期：2017 年 8 月 3 日

651　土瓜灣九龍城道 47-53 號地下 d 及 e 號舖（上鄉道及馬坑涌道之間）成交價：3300 萬日期：2017 年 8 月 3 日

652　旺角亞皆老街 83 號先達廣場地下 G28 號舖成交價：2000 萬 日期：2017 年 8 月 4 日

653　旺角西洋菜南街 58-60 號地下 1 號舖連閣樓及一樓（奶路臣街及西洋菜南街大單邊）成交價：8 億日期：2017 年 8 月 4 日

654　觀塘康寧道 25 至 41 號地下 17 號舖（舖向宜安街／通明街）成交價：1500 萬日期：2017 年 8 月 6 日

655 旺角廣華街 1 號地下 18A 號鋪 成交價：1800 萬 日期：2017 年 8 月 8 日

656 黃大仙鳴鳳街 54-60 地下 A 舖（鳴鳳街及飛鳳街單邊）成交價：1700 萬 日期：2017 年 8 月 8 日

657 深水埗大南街 73 號地下（白楊街及柏樹街之間）成交價：1500 萬 日期：2017 年 8 月 8 日

658 佐敦白加士街 10 至 24 號地下入口連一樓連及二樓 C,E 室（寶靈街及柯士甸道之間）成交價：1.6 億 日期：2017 年 8 月 8 日

659 佐敦彌敦道 241-243 全幢，金峰大廈（彌敦道及佐敦道交界，三面單邊）成交價：27.8 億 日期：2017 年 8 月 9 日

660 深水埗南昌街 89 號南昌中心地下 12 號舖（基隆街及大南街之間）成交價：1828 萬 日期：2017 年 8 月 11 日

661 深水埗元州街 64A-66 號地下 C 號舖（欽州街及桂林街之間）成交價：1390 萬 日期：2017 年 8 月 12 日

662 深水埗福榮街 1-3 號連入則閣樓（近大埔道）成交價：4000 萬 日期：2017 年 8 月 13 日

663 九龍牛池灣龍池徑 12 至 30 號地下 D 號舖（近彩虹港鐵站）成交價：1700 萬 日期：2017 年 8 月 13 日

664 長沙灣永隆街 9 號地下 F1 舖（舖向順寧道）成交價：1650 萬 日期：2017 年 8 月 14 日

665 荔枝角道 257&257A 舖連入則閣（南昌街交界）成交價：2810 萬 日期：2017 年 8 月 15 日

666 尖沙咀彌敦道 54 至 64 號 b 舖美麗都大廈地下 5 號舖（近麼地道及 iSquare 對面）成交價：2.1 億 日期：2017 年 8 月 16 日

667 深水埗元州街 231 至 247A 地下 B 舖（東沙島街及東京街之間）成交價：8800 萬 日期：2017 年 8 月 16 日

668 佐敦白加士街 10-24 號地下 01B 及 02 號舖連一樓，二樓及平台 成交價：1.58 億 日期：2017 年 8 月 16 日

669 土瓜灣麟祥街 2-4 號地下 4 號舖（近馬頭角道）成交價：620 萬 日期：2017 年 8 月 16 日

670 土瓜灣靠背壟道 121 號地下 E 舖（舖向落山道，近樂民邨及半山一號）成交價：1100 萬 日期：2017 年 8 月 16 日

671 深水埗大南街 180 號全幢（近黃竹街）成交價：4300 萬 日期：2017 年 8 月 17 日

672 九龍旺角鼓油街 10-10A 號地下 B 號舖（近甘芳街）成交價：1,880 萬 日期：2017 年 8 月 17 日

673 油麻地文明里 4 號（鴉打街及彌敦道之間，油麻地港鐵站旁）成交價：6050 萬 日期：2017 年 8 月 21 日

674 尖沙咀彌敦道 36-44 號重慶大廈地下 78-79 號 成交價：1900 萬 日期：2017 年 8 月 21 日

675 紅磡馬頭圍道 80 號朗豪庭地下 2 號舖 成交價：1900 萬 日期：2017 年 8 月 21 日

676 深水埗元州街 498 號青華閣地下 I 號舖（近青山道）成交價：986 萬 日期：2017 年 8 月 22 日

677 旺角洗衣街 165 號舖 成交價：6800 萬 日期：2017 年 8 月 22 日

678 九龍土瓜灣土瓜灣道 259 號地下（近落山道）成交價：4,200 萬 日期：2017 年 8 月 22 日

679 紅磡民樂街 18 號凱旋工商中心 3 期地下 Q1C 號舖 成交價：2,060 萬 日期：2017 年 8 月 23 日

680 旺角登打士街 16 號地下（甘芳街及廣東道之間）成交價：1,900 萬 日期：2017 年 8 月 25 日

681 佐敦文苑街 26 號地下（文成街交界）成交價：3,090 萬 日期：2017 年 8 月 25 日

682 長沙灣順寧道 98 號美寧中心地下 A2 舖（近東京街）成交價：1068 萬 日期：2017 年 8 月 26 日

683 紅磡蕪湖街 123 號海德豪苑地下 C 舖及 1 樓 C 號舖（機利士南路及觀音街之間）成交價：2250 萬 日期：2017 年 8 月 27 日

684 九龍旺角窩打老道 77B-77C 號芝齡大廈地下 B 舖及一至四樓（培正道及亞皆老街之間）成交價：1.8 億 日期：2017 年 8 月 28 日

685 九龍城獅子石道 61 至 63 號龍邦商場地下 7 號舖（衙前圍道及賈炳達道之間）成交價：750 萬 日期：2017 年 8 月 28 日

686 深水埗長沙灣道 52 至 54 號廣興大廈地下 4 號舖，深之道行（舖向楓樹街）成交價：750 萬 日期：2017 年 8 月 28 日

687 深水埗基隆街 249 號地下 成交價：1680 萬 日期：2017 年 8 月 30 日

688 葵涌和宜合道 224 至 234 號葵富大廈地下 3 號舖成交價：730 萬 日期：2017 年 9 月 10 日

689 旺角長旺道 15-19 號長和大樓地下 19-22 號舖 成交價：850 萬 日期：2017 年 9 月 11 日

690 九龍深水埗南昌街 81-95 號南昌中心地下 02 號舖連閣樓 成交價：9.38M 日期：2017 年 9 月 12 日

691 旺角新填地街 459-461 號地下 A 號舖連閣樓 成交價：2,800 萬 日期：2017 年 9 月 13 日

692 觀塘協和街 169-197 號合和大廈地下 26 號舖及入則閣 成交價：3,700 萬 日期：2017 年 9 月 18 日

693 深水埗界限街 25-25B 號地下 25 號舖連閣樓 成交價：1500 日期：2017 年 9 月 19 日

694 油麻地上海街 375 號明新大廈地下 1 號舖成交價：600 萬 日期：2017 年 9 月 19 日

695 深水埗桂林街 145-147 號地下 A 號舖及閣樓 成交價：3900 萬 日期：2017 年 9 月 20 日

696 佐敦官涌街 3-5 號地下 F 舖 成交價：2500 萬 日期：2017 年 10 月 5 日

697　大角咀道 / 大全街交界大單邊 成交價 :1.1 億 日期 : 2017 年 10 月 10 日

698　深水埗福華街 78 號手袋店 成交價 : 1838 萬 日期 : 2017 年 10 月 11 日

699　佐敦偉晴街順德公漁村 成交價 : 6800 萬 日期 : 2017 年 10 月 11 日

700　黃大仙蒲崗村道 33 號 1E 舖 成交價 : 1050 萬 日期 : 2017 年 10 月 12 日

701　深水埗醫局街 169A 地下 成交價 : 1450 萬 日期 : 2017 年 10 月 12 日

702　深水址南昌街 223-239 號 成交價 : 3.8 億 日期 : 2017 年 10 月 16 日

703　深水埗偉智里白田購物中心地下 5 號舖 成交價 : 245 萬 日期 : 2017 年 10 月 17 日

704　旺角西洋菜南街 4 號及彌敦道 603-609A 地庫 成交價 : 2.5 億及 2.3 億 日期 : 2017 年 10 月 19 日

705　太子西洋菜北街 169 號舖 成交價 : 2480 萬 日期 : 2017 年 10 月 23 日

706　太子汝州街 17 號 C 舖 成交價 : 565 萬 日期 : 2017 年 10 月 23 日

707　佐敦渡船街 6 號地下 成交價 : 1400 萬 日期 : 2017 年 10 月 24 日

708　寶靈街 33 號舖 成交價 : 1020 萬 日期 : 2017 年 10 月 24 日

709　觀塘協和街 123 號新祥記茶餐廳（半間）成交價 : 3900 萬 日期 : 2017 年 10 月 25 日

710　牛頭角道 3 號得寶花園地下 F 舖 成交價 : 1800 萬 日期 : 2017 年 10 月 25 日

711　新蒲崗彩虹道 8 至 34 號地下 10 至 11 號舖 成交價 : 3600 萬 日期 : 2017 年 10 月 25 日

712　深水埗大南街 142 號吉舖 成交價 : 860 萬 日期 : 2017 年 10 月 25 日

713　佐敦砲台街 41 號地下連 1 樓 成交價 : 2250 萬 日期 : 2017 年 10 月 25 日

714　深水埗海壇街 252 及 256 號舖 成交價 : 2200 萬及 2000 萬 日期 : 2017 年 10 月 26 日

715　太子太子道西 171 號別樹一居 G01 舖 成交價 : 2950 萬 日期 : 2017 年 10 月 26 日

716　太子花園街 195 號吉舖 成交價 : 4700 萬 日期 : 2017 年 10 月 26 日

717　佐敦廟街 202 號 成交價 : 1435 萬 日期 : 2017 年 10 月 27 日

718　旺角洗衣街 62 至 72 號得寶大廈地下 3 樓及 4 樓（部分樓面）成交價 : 3.8 億 日期 : 2017 年 11 月 2 日

719　紅磡老龍坑街 2 號地下號 8 舖 成交價 : 1480 萬 日期 : 2017 年 11 月 9 日

720　油麻地碧街地下 15 號舖 成交價 : 1800 萬 日期 : 2017 年 11 月 9 日

721　黃大仙雙鳳街 26 號 成交價 : 1980 萬 日期 : 2017 年 11 月 10 日

722　佐敦廟街 119 號地舖 成交價 : 1950 萬 日期 : 2017 年 11 月 12 日

723　深水埗楓樹街 25 至 31 號地下 F 舖 成交價 : 1600 萬 日期 : 2017 年 11 月 13 日

724　九龍城龍崗道 33 至 39 號龍翔閣地下 A 舖 成交價 : 2880 萬 日期 : 2017 年 11 月 14 日

725　土瓜灣靠背壟道 121 號富裕閣地下 F 舖 成交價 : 1700 萬 日期 : 2017 年 11 月 14 日

726　佐敦官涌街 3-5 號 E 舖 成交價 : 2460 萬 日期 : 2017 年 11 月 16 日

727　土瓜灣炮仗街 58 至 80 號地下 12 號舖 成交價 :1500 萬 日期 : 2017 年 11 月 20 日

728　深水埗大南街 262 號地舖 成交價 : 1360 萬 日期 : 2017 年 11 月 20 日

729 尖沙咀金巴利街 1L 舖或全幢（唔肯定）成交價：3200 萬 日期：2017 年 11 月 20 日

730 旺角廣東道 1104 號舖 成交價：2200 萬 日期：2017 年 11 月 20 日

731 長沙灣元州街 473-475 舖地下 4 號舖 成交價：1200 萬 日期：2017 年 11 月 21 日

732 長沙灣福華街 13A 大單店邊 成交價：1600 萬 日期：2017 年 11 月 22 日

733 旺角煙廠街 39 號地下 成交價：2700 萬 日期：2017 年 11 月 22 日

734 旺角亞皆老街 39-41 號 成交價：3188 萬 日期：2017 年 11 月 22 日

735 大角咀必發街 108 號 成交價：1600 萬 日期：2017 年 11 月 22 日

736 大角咀富貴街 2 至 6 號地下 1 號舖 成交價：1450 萬 日期：2017 年 11 月 22 日

737 深水埗南昌街 195 號舖（大埔道交界）成交價：5050 萬 日期：2017 年 11 月 24 日

738 大角咀中匯街 1 至 27 號中和樓地下 17 號舖 成交價：3500 萬 日期：2017 年 11 月 26 日

739 佐敦上海街 62 號 成交價：1.25 億 日期：2017 年 11 月 26 日

740 尖沙咀漆咸道 39 號鐵路大廈地下 A&C，地庫及 1 樓 成交價：4.2 億 日：2017 年 11 月 26 日

741 九龍城賈炳達道 67 號地舖 B1 至 B3 舖 成交價：730 萬 日期：2017 年 11 月 27 日

742 荷李活道 68 至 70 號地下 E 舖 成交價：6000 萬 日期：2017 年 11 月 27 日

743 紅磡蕪湖街 118 號地下（1-8 舖）及 1 樓（1-2）office 成交價：1.01 億 日期：2017 年 11 月 28 日

744 黃大仙雙鳳街 58 號地舖連閣 成交價：1590 萬 日期：2017 年 11 月 29 日

745 牛頭角道 33 號地下 13 舖 成交價：2000 萬 日期：2017 年 12 月 1 日

746 牛頭角道 7 號淘大工業村地下舖 成交價：5.1843 億 日期：2017 年 12 月 1 日

747 旺角先達廣場 1 樓 F69 號舖 成交價：240 萬 日期：2017 年 12 月 1 日

748 牛頭角道 15-19 號地下 18 舖 成交價：1000 萬 日期：2017 年 12 月 3 日

749 長沙灣元州街 473 號地下 6 號舖 成交價：980 萬 日期：2017 年 12 月 4 日

750 深水埗福華街 124 號連入則閣 成交價：2700 萬 日期：2017 年 12 月 4 日

751 油麻地廟街 54 至 56 號全幢 成交價：1.69 日期：2017 年 12 月 5 日

752 土瓜灣落山道 66 號地舖 成交價：3420 萬 日期：2017 年 12 月 6 日

753 九龍城衙前圍道 13 號舖 成交價：4900 萬 日期：2017 年 12 月 7 日

754 慈雲山慈華里 4 至 14 號地下 B12 號舖 成交價：2000 萬 日期：2017 年 12 月 7 日

755 太子汝州街 25 號舖 成交價：1238 萬 日期：2017 年 12 月 9 日

756 尖沙咀加拿芬道地下 F 舖（向金馬倫道）成交價：1.2 億 日期：2017 年 12 月 14 日

757 佐敦上海街 23 號舖 成交價：3650 萬 日期：2017 年 12 月 14 日

758 旺角洗衣街 135 號地下 2 號舖 成交價：3800 萬 日期：2017 年 12 月 15 日

759 尖沙咀山林道 18 號地下 A&B 舖 成交價：3980 萬 日期：2017 年 12 月 15 日

760 太子塘尾道 197 號 5-7 號舖 成交價：3950 萬 日期：2017 年 12 月 17 日

761 深水埗營盤街 159 至 161 號地下 8 號舖 成交價：320 萬 日期：2017 年 12 月 18 日

762 新蒲崗仁愛街 2-24 號仁愛大廈地下 I&J 舖及一樓 成交價：4400 萬 日期：2017 年 12 月 19 日

763 旺角亞皆老街 116 號地舖連 1 樓 成交價：7000 萬 日期：2017 年 12 月 19 日

764 旺角花園街 111 號地下 I 舖（前中電業主）成交價：5610 萬 日期：2017 年 12 月 19 日

765 將軍澳寶盈花園 1 樓 S23 舖 成交價：1860 萬 日期：2017 年 12 月 20 日

766 新蒲崗衍慶街 60 號地下 F 及 E 舖 成交價：2638 萬 日期：2017 年 12 月 20 日

767 深水埗長沙灣道 88 至 92 號康富樓地下 3B 舖 成交價：850 萬 日期：2017 年 12 月 23 日

768 尖沙咀厚福街 9 號地下 C 舖 成交價：1930 萬 日期：2017 年 12 月 25 日

769 牛頭角定業街 7－19 號地下 G 舖 成交價：580 萬 日期：2017 年 12 月 26 日

770 土瓜灣譚公道 83 號五金舖 成交價：3500 萬 日期：2018 年 3 月 2 日

771 油麻地碧街 54 號凱斯餅店 成交價：4800 萬 日期：2018 年 3 月 5 日

772 旺角長旺道 15 號地下 7 號舖 成交價：2000 萬 日期：2018 年 3 月 11 日

773 旺角海庭道 16 號富榮花園第一期 U 舖壽司店 成交價：1400 萬 日期：2018 年 3 月 14 日

774 紅磡蕪湖街 46 至 56 號 a 紅磡大廈地下 B54 號舖及入則閣 成交價：3880 萬 日期：2018 年 3 月 14 日

775 佐敦廟街（西貢街大單邊）成交價：3300 萬 日期：2018 年 3 月 20 日

776 油麻地上海街 306 號地下及閣樓 成交價：3900 萬 日期：2018 年 3 月 22 日

777 長沙灣青山道 244 號舖 成交價：4500 萬 日期：2018 年 3 月 25 日

778 長沙灣道 72 號地舖連入則閣 成交價：2480 萬 日期：2018 年 3 月 26 日

779 深水埗桂林街 95 號大單邊 成交價：6388 萬 日期：2018 年 3 月 26 日

780 深水埗基隆街 270 號東寶海產 成交價：2980 萬 日期：2018 年 4 月 8 日

781 九龍城啟德道 55 號地舖 1,2,3,5,6 舖 成交價：2500 萬，800 萬，1900 萬，2000 萬，2300 萬 日期：2018 年 4 月 9 日

782 太子道西 90 至 94 號 D 舖 成交價：2000 萬 日期：2018 年 4 月 10 日

783 旺角彌敦道 732 號 成交價：8380 萬 日期：2018 年 4 月 10 日

784 油麻地上海街 362 號舖 成交價：1000 萬 日期：2018 年 4 月 10 日

785 旺角亞皆老街 88 至 96 號利豐大廈地下 H 舖（向黑布街）成交價：3838 萬 日期：2018 年 4 月 10 日

786 旺角廣華街 3 至 13 號廣輝大廈地下 09 號舖 成交價：2400 萬 日期：2018 年 4 月 10 日

787 深水埗福華街 10 號 成交價：1350 萬 日期：2018 年 4 月 11 日

788 荔枝角道 104 號 成交價：2000 萬 日期：2018 年 4 月 16 日

789 佐敦白加士街 125 號地下年入則閣 成交價：3500 萬 日期：2018 年 4 月 16 日

790 尖沙咀亞士厘道 20 至 20 號 a 地下 成交價：9950 萬 日期：2018 年 4 月 19 日

791 深水埗海壇街 186 號 A 舖 成交價：1750 萬 日期：2018 年 4 月 22 日

792 土瓜灣北帝街 111 號福祥大廈 1、2、3、4 地舖及入則閣 成交價：9880 萬 日期：2018 年 4 月 22 日

793 尖沙咀漢口道 19-21 號漢宜大廈地下 H 舖及 1 樓 成交價：6800 萬 日期：2018 年 4 月 23 日

794 尖沙咀漢口道 43-49A 漢口大廈（3、4 號舖）及（5 號舖）成交價：1.8 億及 1 億 日期：2018 年 4 月 23 日

795 旺角弼街 31 至 33 號地下 C-D 舖 成交價：4900 萬或 5500 萬 日期：2018 年 4 月 23 日

796 尖沙咀堪富利士道 10 號 A 地舖 成交價：8000 萬 日期：2018 年 4 月 24 日

797 佐敦白加士街 43 號 成交價：4800 萬 日期：2018 年 4 月 26 日

798 佐敦彌敦道 208 至 212 號四海大廈 成交價：25 億 日期：2018 年 5 月 1 日

799 深水埗基隆街 259 號天順香燭店及髮廊 成交價：2680 萬 日期：2018 年 5 月 2 日

800 九龍城衙前圍道 62 號地下 成交價：3900 萬 日期：2018 年 5 月 2 日

801 新蒲崗衍慶街 9 至 19 號蒲崗唐樓地下 12 號 a 舖 成交價：2000 萬 日期：2018 年 5 月 9 日

802 紅磡差館裡 15B 地下 1 號舖 成交價：1026.8 萬 日期：2018 年 5 月 13 日

803 紅磡曲街 47 號地舖及閣樓 成交價：1800 萬 日期：2018 年 5 月 13 日

804 油麻地上海街 326 號恆英樓地下 C 舖 成交價：1230 萬 日期：2018 年 5 月 15 日

805 尖沙咀寶勒巷 1 號 E 及 F1 舖 成交價：5318 萬 日期：2018 年 5 月 15 日

806 深水埗大埔道 77AB 舖 成交價：1480 萬 日期：2018 年 5 月 16 日

807 新蒲崗崇齡街 20-34a 號地下 7 號鋪 900 呎 成交價：約 2300 萬 日期：2018 年 5 月 24 日

808 尖沙咀山林道 17 至 19 號山林中心 成交價：約 $7.2 億 日期：2018 年 5 月 24 日

809 長沙灣 元州街 498 號青華閣地下 B 舖（向青山道）成交價：約 900 萬 日期：2018 年 6 月 1 日

810 旺角通菜街 2a 至 2p 鴻光大廈地下 k1 K2 k3 舖 成交價：$2800 萬 日期：2018 年 6 月 7 日

811 旺角通菜街 142 至 146 號地下 B 舖 成交價：$4520 萬 日期：2018 年 6 月 19 日

812 佐敦吳松街 42-52 號大觀樓萬年青酒店地下 B 舖及 1 2 3 4 樓成交價：$2.5 億 日期：2018 年 6 月 19 日

813 旺角廣東道 981 號廣福大廈地舖 C 成交價：$2280 萬 日期：2018 年 6 月 24 日

814 廣東道 941 號 成交價：$1800 萬 日期：2018 年 6 月 24 日

815 佐敦廟街 123 號時勝大廈地下 B2 舖 成交價：$650 萬 日期：2018 年 6 月 28 日

816 佐敦庇利金街 41 至 43 號全幢 成交價：$ 約 4 億 日期：2018 年 7 月 3 日

817 寶靈街 2 至 6 號全幢 成交價：$ 約 6 億 日期：2018 年 7 月 3 日

818 官塘物華街 45 號 成交價：$7100 萬 日期：2018 年 7 月 4 日

819 物華街 19-29 號 AB 舖 成交價：$5900 萬 日期：2018 年 7 月 4 日

820 旺角花墟道 44 號 成交價：$2500 萬 日期：2018 年 7 月 18 日

821 深水埗南昌街 96 號大單邊 成交價：$4200 萬 日期：2018 年 7 月 23 日

822 深水埗基隆街 241 號舖 成交價：$1700 萬 日期：2018 年 7 月 25 日

823 深水埗北河街 33 至 39 號地下 3 號舖 成交價：$810 萬 日期：2018 年 7 月 27 日

824 深水埗醫局街 165 號地下 成交價：$2500 萬 日期：2018 年 7 月 29 日

825 太子汝州街 17C 舖 成交價：約 $780 萬 日期：2018 年 8 月 6 日

826 深水埗東京街 56 至 58 號地下 C 舖 成交價：$530 萬 日期：2018 年 8 月 6 日

827 尖沙咀東東海商業中心地下 G7 至 G9 舖 成交價：約 2 億元 日期：2018 年 8 月 7 日

828 紅磡德民街 36 至 60 號 F 黃埔新邨 W-Z 座地下 5H 舖 成交價：$3000 萬 日期：2018 年 8 月 9 日

829 佐敦偉晴街 14 至 42 號偉晴閣 1 至 3 及 5 至 6 號舖及 1 樓 成交價：約 $3 億 日期：2018 年 8 月 13 日

830 九龍深水埗界限街 13 號 4C&4D 1 號地下 (黃竹街交界) 成交價：$508 萬 日期：2018 年 8 月 13 日

831 佐敦廟街 148-154 號志興樓地下 4(154) 號舖 成交價：$1438 萬 日期：2018 年 8 月 21 日

832 觀塘協和街 121-141 地下 H(139) 號舖 成交價：$4300 萬 日期：2018 年 8 月 27 日

833 深水埗北河街 22 號地下 成交價：$1400 萬 日期：2018 年 8 月 27 日

834 深水埗荔枝角道 321 號地下 成交價：$2430 萬 日期：2018 年 8 月 27 日

835 太子太子道西 157 號別樹華軒地下 13 號舖 成交價：$3850 萬 日期：2018 年 8 月 27 日

836 新蒲崗景福街 65 號地下 成交價：$3850 萬 日期：2018 年 8 月 30 日

837 佐敦文蔚街 25-47 號文耀樓地下 29(No.29) 號舖 成交價：$1880 萬 日期：2018 年 8 月 30 日

838 尖沙咀柯士甸道 15C 號良友大廈地下 A2 號舖 成交價：$1600 萬日期：2018 年 9 月 3 日

839 深水埗桂林街 75-79 號地下 成交價：約 $1.2 億 日期：2018 年 9 月 4 日

840 尖沙咀厚福街 9 號豪華閣地下 C 號舖 成交價：$2650 萬 日期：2018 年 9 月 5 日

841 佐敦偉晴街 82-88A 號偉業大廈地下 3 號舖 (向西貢街) 成交價：$1150 萬 日期：2018 年 9 月 6 日

842 長沙灣順寧道 277a-277e 號永順大廈地下 b 舖 成交價：$2480 萬 日期：2018 年 9 月 6 日

843 深水埗元州街 213 號美居心中心地下 50 號舖 成交價：800 萬 日期：2018 年 9 月 20 日

844 旺角新填地街 279 至 281 號地舖 A 成交價：2900 萬 日期：2018 年 9 月 26 日

845 深水埗順寧道 15 號順景閣地下 1 號舖 成交價：1390 萬 日期：2018 年 9 月 27 日

846 九龍土瓜灣美景街 8 號地下前舖份 成交價：890 萬 期：2018 年 9 月 28 日

作　　者：李根興博士
責任編輯：Nathan Wong
版面設計：samwong
出　　版：A Money
電　　郵：livepublishing@ymail.com
發　　行：香港聯合書刊物流有限公司
　　　　　地址　香港新界大埔汀麗路 36 號中華商務印刷大廈 3 字樓
　　　　　電話　（852）2150 2100
　　　　　傳真　（852）2407 3062
初版日期：2019 年 1 月
定　　價：HK$198.00
國際書號：978-988-14283-6-3

（作者已盡一切可能以確保所刊載的資料正確及時。資料只供參考用途，讀者也有責任使用時
進一步查證。對於任何資料因錯誤或由此引致的損失，作者和出版社均不會承擔任何責任。）